职业技能等级认定培训教程

咖 啡 师

（中级）

中国就业培训技术指导中心
人力资源和社会保障部职业技能鉴定中心　组织编写

中国劳动社会保障出版社

图书在版编目（CIP）数据

咖啡师：中级／中国就业培训技术指导中心，人力资源和社会保障部职业技能鉴定中心组织编写．-- 北京：中国劳动社会保障出版社，2024. --（职业技能等级认定培训教程）．-- ISBN 978－7－5167－6565－4

Ⅰ．TS273

中国国家版本馆 CIP 数据核字第 2024P8D101 号

中国劳动社会保障出版社出版发行

（北京市惠新东街 1 号　邮政编码：100029）

*

北京市科星印刷有限责任公司印刷装订　　新华书店经销

787 毫米×1092 毫米　16 开本　6.25 印张　95 千字

2024 年 7 月第 1 版　　2025 年 7 月第 2 次印刷

定价：18.00 元

营销中心电话：400－606－6496

出版社网址：http://www.class.com.cn

本书编审人员

主　编　成军锋

编　者　刘　晓　熊志强　夏文鑫　邵鹏程

主　审　陆　清

审　稿　黄鹏丞

前　言

为加快建立劳动者终身职业技能培训制度，全面推行职业技能等级制度，推进技能人才评价制度改革，进一步规范培训管理，提高培训质量，中国就业培训技术指导中心、人力资源和社会保障部职业技能鉴定中心组织有关专家在《咖啡师国家职业技能标准（2022年版）》（以下简称《标准》）制定工作基础上，编写了咖啡师职业技能等级认定培训教程（以下简称等级教程）。

咖啡师等级教程紧贴《标准》和职业培训包课程规范要求编写，内容上突出职业能力优先的编写原则，结构上按照职业功能模块分级别编写。该等级教程共包括《咖啡师（基础知识）》《咖啡师（初级）》《咖啡师（中级）》《咖啡师（高级）》《咖啡师（技师 高级技师）》5本。《咖啡师（基础知识）》是各级别咖啡师均需掌握的基础知识，其他各级别教程内容分别包括各级别咖啡师应掌握的理论知识和操作技能。

本书是咖啡师等级教程中的一本，是职业技能等级认定推荐教程，也是职业技能等级认定题库开发的重要依据，已纳入职业培训包教材资源，适用于职业技能等级认定培训和中短期职业技能培训。

本书在编写过程中得到上海市技师协会、上海市技师协会咖啡专业委员会、上海曼煮商贸有限公司、上海虹桥品汇咖啡有限公司、提姆（上海）餐饮管理有限公司、上海市糖业烟酒（集团）有限公司、上海金拱门食品有限公司、浙江力醒科技有限公司、库迪咖啡（天津）有限公司、咖爷科技（苏州）有限公司、云南农业大学热带作物学院，以及顾卫东、周芳、陆骏飞、韩文芳、罗伟、夏渊、陈明、亓超杰、吴鹏、乐骅、杨学虎的大力支持与协助，在此一并表示衷心感谢。

中国就业培训技术指导中心

人力资源和社会保障部职业技能鉴定中心

目 录 CONTENTS

职业模块1 咖啡服务

培训课程1 推介 …… 3

学习单元1 促销推广 …… 3

学习单元2 饮品、轻食的特点与搭配 …… 6

培训课程2 展示 …… 11

学习单元1 压力式咖啡机的技艺展示 …… 11

学习单元2 非压力式咖啡器具的技艺展示 …… 15

职业模块2 咖啡制作

培训课程1 压力式咖啡制作与牛奶的融合 …… 23

学习单元1 压力式咖啡萃取参数调整 …… 23

学习单元2 奶泡（沫）的类型与制作要点 …… 26

学习单元3 拉花咖啡制作 …… 32

学习单元4 花式咖啡制作 …… 41

培训课程2 非压力式咖啡制作方案设计和操作 …… 58

学习单元1 非压力式咖啡制作参数 …… 58

学习单元2 咖啡冲煮管控 …… 62

职业模块3 吧台设备、器具的清洁与维护

培训课程1 咖啡设备的清洁与维护 …… 67

学习单元1 咖啡设备的构造 …… 67

学习单元2 咖啡机常见故障及排除方式 …… 69

培训课程2 水处理装置及其他设备的维护 …… 72

学习单元1 水处理装置的维护 …… 72

学习单元2 其他设备的维护 …… 79

培训课程 3　吧台管理 …………………………………………………… 84
学习单元 1　咖啡出品标准指引 ……………………………………… 84
学习单元 2　吧台清洁卫生 …………………………………………… 85
学习单元 3　库存盘点 ………………………………………………… 87

职业模块 1

咖啡服务

培训课程 1

推介

学习单元 1 促销推广

一、顾客沟通技巧与 “破冰” 工具

1. 顾客沟通技巧

（1）必须直视顾客。

（2）面带微笑，向顾客问好。

（3）主动询问，比顾客先开口。

（4）在沟通过程中需要热情、细心、耐心、有分寸。

2. “破冰” 工具

（1）采用能产生对话的打招呼的方式或者行为。例如，主动递上菜单并给予建议，打招呼时递上一杯水或纸巾等。

（2）在暂时无法离开岗位时，主动寻求对视并给予反馈。例如，“您好，桌面上是我们的菜单，您可以先看看，稍等我为您点单”。

（3）顾客长时间在店内停留时，可以主动询问顾客对于饮品的意见或者提前准备表格询问意见和建议，以便快速了解顾客的想法，并在此基础上进行二次推销或提供更多的活动内容。

（4）面对顾客时应熟练介绍门店优势。例如，主动推介门店特色或者上新内容，从专业角度向顾客取得信任。

3. 顾客沟通用语

顾客进门时及时打招呼，与顾客对视，面带笑容。

（1）您好（早上/下午/晚上好），欢迎光临，这是我们的菜单，您可以先看一下。

（2）您好，我帮您倒杯水，您可以先坐下来看一下菜单。我们推荐的饮品是×××。

（3）您好，我正在制作饮品，请稍等，桌面上是我们的菜单，您可以先看一下想喝什么。

（4）需要我帮您推荐我们的特色饮品吗？我们门店的招牌饮品是×××。

（5）您好，我们的常规拿铁默认不加糖，但牛奶中会有乳糖，加热后有甜感。

二、产品组合机制与推荐技巧

1. 产品组合机制

（1）刚需+刚需，这种组合最贴合顾客需求，可以提升单量。例如，经典咖啡+面包、美式+拿铁等。

（2）刚需+高利润产品，这种组合可以带动高利润产品的销售，提高客单价。例如，经典咖啡+蛋糕等。

（3）刚需+新品，这种组合可以带动新产品的推广。例如，经典咖啡+新品特调等。

2. 推荐技巧

（1）根据门店的新品销售计划及顾客需求，有针对性地进行引导和推荐。

（2）在介绍过程中，将新品的特点和优势言简意赅地传达给顾客，只有发自内心的推荐才会更有感染力。

（3）当顾客有定制化需求时，须提示口感、味道会发生相应的变化。

（4）沟通过程中需要热情、细心、耐心、有分寸。

（5）针对早、午、晚不同时间段推荐不同的饮品及食品。例如，早餐套餐（面包+咖啡）、下午茶套餐（蛋糕+咖啡）等经典类型。

3. 产品推荐用语

（1）针对不同季节推荐不同的饮品和食品。例如：“您好，今天天气比较冷哦，我们上新了一款摩卡，您可以试一下。”

（2）针对门店不同活动推荐不同的饮品和食品。例如：“您好，我们新出了一款万圣节套餐，南瓜蛋糕和拿铁咖啡搭配在一起口感更顺滑，您可以试试看。”

（3）针对顾客所需要的饮品给出推荐搭配。例如，顾客：“你好，我要一杯豆奶拿铁。”店员：“女士，不好意思，我们店目前没有豆奶，但是这款燕麦奶也是植物奶，非常健康，您可以尝试一下。”

（4）推荐当季创意饮品。例如：“新出的×××带有×××风味，可以尝试一下哦。”

（5）推荐轻食或点心。例如：“×××也很好吃，需要搭配一块吗？”

三、顾客100%满意的执行标准

1. 创造体验感

（1）顾客进店时礼貌接待。

（2）专业的引导及服务。

（3）创建干净、整洁的环境和良好的氛围。

（4）在沟通中获知顾客的需求，并围绕其需求关联门店的相关产品或活动。

（5）出品时有专业的积极的介绍及交流。

（6）向顾客询问对门店或饮品的意见及建议。

（7）在顾客感到不满意时及时道歉并做出补救行动。

2. 发现机会并做出改善

（1）在门店正式运营前，检查是否已经做好一天的准备，包括门店环境、人员衣着、活动与产品内容等。

（2）时刻保持主人翁意识，以顾客视角审视面对门店时的感受，考虑哪些方面可能降低顾客的体验。

（3）在顾客遇到困扰或不满时，首先以诚恳的态度表达歉意，以不损害门店和顾客利益的方式解决问题，不能与顾客产生正面冲突导致矛盾激化。

（4）利用熟客群/社群/活动/面对面询问等方式，让顾客或其他商家提出可改善的意见或建议，并结合专业知识判断机会在哪里，利用门店现有资源做出改善。

3. 实用案例

（1）准备门店操作自查表格，每日核对门店是否做好接待顾客的准备。可以分为早、中、晚等不同时间段自查问题并加以改进。

（2）在空闲的时候，可以离开吧台走近顾客，询问顾客的需求，如顾客提出中肯的意见，应立即接受并改善。

（3）准备顾客满意度调查问卷，每天随机请一些顾客自愿填写，以了解顾客体验，延续好的做法，把握好机会。

学习单元 2　饮品、轻食的特点与搭配

一、常见咖啡饮品的特点及推荐原则

1. 意式浓缩咖啡

（1）特点

咖啡味道强烈，口感浓郁，容量较少。

（2）推荐原则

适合喜欢纯粹咖啡味道的顾客，可以单独饮用，也可以作为制作其他咖啡饮品的基础原料。

2. 美式咖啡

（1）特点

口味较为清淡，容量较大。

（2）推荐原则

适合喜欢大杯以及具有较为柔和口感咖啡的顾客，可以搭配早餐或下午茶。

3. 拿铁咖啡

（1）特点

意式浓缩咖啡与牛奶的结合，具有奶香浓郁的口感。

（2）推荐原则

适合追求口感平衡的顾客，可以加入一些调味糖浆或巧克力酱以增添风味。

4. 卡布奇诺

（1）特点

意式浓缩咖啡、牛奶和奶泡的结合，口感层次丰富。

（2）推荐原则

适合喜欢绵密奶泡的顾客，可以撒上一些可可粉或肉桂粉进行装饰。

5. 摩卡

（1）特点

意式浓缩咖啡、巧克力酱、牛奶和鲜奶油的结合，带有浓郁的巧克力味道。

（2）推荐原则

适合喜欢巧克力风味的顾客，可以加入一些巧克力碎片以提升口感。

6. 冰咖啡

以上 5 种咖啡饮品都可以制作成冰咖啡，适合夏季或喜欢冰凉口感的顾客。

咖啡师应熟悉不同咖啡饮品的特点，能够根据顾客的个人口味提供建议并灵活调整配方，以满足他们的喜好和需求。

二、咖啡饮品的推荐技巧

1. 咖啡情况介绍

（1）咖啡豆品种

向顾客介绍不同的咖啡豆品种和产地，如阿拉比卡咖啡、罗布斯塔咖啡等。

（2）咖啡豆烘焙度

告知顾客不同烘焙度的咖啡豆有不同的口味特点，如浅烘焙、中烘焙和深烘焙等。

2. 专属推荐

（1）了解顾客口味偏好

与顾客交流，了解他们喜好的口感、浓度、甜度，根据了解到的信息为他们推荐咖啡饮品。

（2）提供咖啡让顾客品尝

为顾客提供试饮咖啡，让其品尝不同咖啡饮品的口感和风味，帮助他们确定自己喜欢的咖啡类型。

（3）推荐当季特色咖啡

根据季节变化，推荐具有季节特色和限时供应的咖啡饮品，吸引顾客尝试季节限定饮品，体验特定的口感和风味。

3. 搭配推荐

（1）搭配甜点或轻食

根据顾客个人口味，推荐与咖啡搭配的甜点或轻食，如蛋糕、三明治、沙拉等。

（2）提供饮品套餐

提供多种饮品套餐，包括咖啡和其他饮品的组合，推荐顾客尝试不同的搭配。

三、常见轻食的特点和搭配原则

1. 蛋糕

（1）特点

口味丰富，可切割成小份，适合作为甜点或下午茶。

（2）搭配原则

搭配清淡咖啡或清爽茶饮，如美式咖啡、红茶或绿茶，以平衡甜度，提升味觉体验。

2. 三明治

（1）特点

便携，可以选择多种馅料，适合作为快餐或午餐。

（2）搭配原则

搭配浓郁咖啡或清爽茶饮，如加浓美式咖啡、红茶或绿茶，以增加口味层次感。

3. 贝果

（1）特点

口感有韧劲，内馅丰富多样，适合作为早餐或快餐。

（2）搭配原则

搭配浓郁咖啡或茶饮，如拿铁、英式早餐茶或果味茶，以提升食物和饮品的整体口感。

4. 沙拉

（1）特点

食材多样，口感清爽，健康营养。

（2）搭配原则

搭配清淡咖啡或茶饮，如美式咖啡、绿茶或薄荷茶，以补充水分，提供清新口感。

5. 酸奶杯

（1）特点

清凉爽口，口感层次丰富，适合作为早餐或小吃。

（2）搭配原则

搭配茶饮或果汁，如水果茶、柠檬水或新鲜果汁，以提供更多的口感变化和营养摄入。

以上只是一些常见的搭配原则，可以根据顾客个人口味和偏好进行调整和创新，以达到更好的口感和味觉体验。同时，也可以根据季节和场合的不同进行搭配选择，以提供更加丰富多样的轻食体验。

四、咖啡与轻食的搭配方法

咖啡与轻食搭配可以为顾客提供更好的味觉体验和平衡口感。以下是一些咖啡与轻食的常见搭配。

1. 咖啡与蛋糕搭配

（1）意式浓缩咖啡与巧克力蛋糕搭配

意式浓缩咖啡能与巧克力蛋糕的甜度相互呼应，提供丰富的味道层次。

（2）拿铁咖啡与提拉米苏搭配

拿铁咖啡的奶味与提拉米苏的咖啡味搭配，可以提供柔滑和浓郁的口感体验。

2. 咖啡与三明治搭配

（1）美式咖啡与火腿三明治搭配

美式咖啡的清淡口感与火腿的咸香味相互平衡、互为补充，能提供丰富的口感体验。

（2）拿铁咖啡与鸡肉沙拉三明治搭配

拿铁咖啡中的奶香和咖啡醇味，与鸡肉沙拉三明治的清爽口感相结合，可以平衡和丰富口感。

3. 咖啡与贝果搭配

（1）卡布奇诺与蔬菜奶酪贝果搭配

卡布奇诺的浓郁咖啡风味与蔬菜奶酪贝果的清新口感相得益彰，能提供均衡的口感体验。

（2）美式咖啡与培根蛋酪贝果搭配

美式咖啡的清淡味道与培根蛋酪贝果的丰富口味相互融合，能带来多层次的口感体验。

4. 冰咖啡与水果沙拉搭配

冰咖啡的清凉口感和水果沙拉的清爽口感搭配，可以带来清新的味觉体验。

培训课程 2

展示

学习单元 1　压力式咖啡机的技艺展示

一、压力式咖啡机展示方法与技巧

1. 咖啡师与吧台、设备的位置关系

使用压力式咖啡机制作咖啡时，咖啡师应注意站位以及与吧台的距离。

（1）咖啡师站位

咖啡师的合理站位应在磨豆机与压力式咖啡机之间，以确保能同时对两个设备进行操作。

（2）咖啡师与吧台的距离

咖啡师身体到吧台的距离应正好是小臂的长度，这是比较合适、舒服的距离。

2. 咖啡粉饼制作与测试

制作意式浓缩咖啡首先需要布粉填压，合格的咖啡粉饼要求质地均匀，密实完整。

咖啡粉饼制作完成后可以从三个方面测试：边缘无缝隙，倒置不脱落，表面光滑平整。

3. 咖啡液流状观察

咖啡萃取时，咖啡液流状稳定，不会发生抖动，颜色会由深变浅，最后泛白。如果咖啡豆不新鲜或者咖啡粉饼制作时出现失误，会出现咖啡液抖动的现象，并且流速很快。

4. 牛奶打发

打发牛奶是一个完整的过程，发泡、切割和融合三个环节并不是独立进行的。当蒸汽打开时三者同时发生，理想的打发是发泡和切割的时间尽量短，而将更多的时间留给融合，这也意味着要尽快打发够需要的奶泡，并快速形成旋涡进行切割。

5. 拉花质量判断

拉花质量判断标准如图 1－1 所示。

图 1－1　拉花质量判断标准

6. 咖啡制作的节奏感

速度，动作有快有慢；强弱，动作有轻有重。

二、咖啡豆主要产区

咖啡种植在不同的地区，由于土壤成分、气候环境、海拔高低等不同，导致风土条件以及生长周期各异，从而形成完全不同、别具产地风格的风味特征。

1. 亚洲

咖啡主要种植于热带季风气候、亚热带季风气候和温带季风气候区域。因地处世界上最大的大陆和最大的大洋之间，海陆热力性质差异巨大，形成了显著的季风气候，加上气压带、风带的季节移动，使得这部分区域降水充沛，气候湿热，造就了亚洲咖啡风味整体浓郁芳香，呈现出醇厚的香料风味及草本风味。亚洲主要咖啡产出国有中国、印度、印度尼西亚、也门、菲律宾、越南等。其中越南是全球第二大咖啡产出国，罗布斯塔咖啡产量居全球首位。

2. 非洲

非洲是公认的咖啡发源地，咖啡种植区域集中在东部地区，地形以高原为主，大部分海拔在 1 000 m 以上，地势较高；沿海有狭窄低地，东非大裂谷纵贯南北，谷地深陷，两边陡崖壁立。主要咖啡产出国有埃塞俄比亚、乌干达、卢旺达、坦桑尼亚、肯尼亚等。

3. 美洲

美洲是全球咖啡豆的最大供应地区。中美洲作为连接北美洲和南美洲的一个地理区域，北起危地马拉，南至巴拿马地区，位于赤道两旁，绝佳地理位置使其成为咖啡的主产区。该地区大部分国家的土地为多山的森林区，地峡东部有狭长的平原，气候湿热。由于火山灰堆积，使得土壤肥沃，有利于生产高品质咖啡。主要咖啡产出国有巴西、巴拿马、危地马拉、哥伦比亚、秘鲁、厄瓜多尔等。其中，巴西为全球咖啡产量最多的国家。

操作技能

使用压力式咖啡机制作咖啡

一、操作准备

1. 设备准备

磨豆机、压力式咖啡机、开水机。

2. 器具准备

咖啡杯、布粉器、压粉器、抹布等。

3. 物料准备

咖啡豆。

二、操作步骤

步骤 1　检查

（1）确认咖啡豆烘焙日期在赏味期内。

（2）设备正常运转，干净无残粉、污渍或积灰。

（3）检查器具是否有污渍，若有应及时清洗干净，保证无污渍或积灰；检查器具数量是否满足要求，保证摆放位置正确。

（4）抹布清洗干净，折叠整齐，分开摆放，单独使用，避免交叉污染。

步骤 2　萃取

（1）接粉

使用磨豆机研磨咖啡粉，按照需要萃取的浓度，接适量咖啡粉至咖啡手柄的粉碗内。

（2）布粉

使用布粉器使咖啡粉均匀地分布在粉碗中，保证咖啡粉表面平整。

（3）压粉

利用压粉器瞬间发力，将咖啡粉压实填平。清洁粉碗周围残留的咖啡粉。

（4）排水

打开压力式咖啡机冲煮头排水，保证萃取水温。

（5）安装手柄

将咖啡手柄扣上咖啡机冲煮头，对正摆放咖啡杯，按下萃取键，观察咖啡液萃取量，萃取至合适的量后停止。

步骤 3　出品

将萃取好的咖啡按照出品要求进行摆盘并提供给顾客，保证提供最佳风味。

步骤 4　清洁

（1）取下咖啡手柄，清倒粉碗内的咖啡渣。

（2）清洁粉碗及冲煮头。

（3）将咖啡手柄扣回冲煮头以保温，方便继续使用。

三、注意事项

1. 压粉时应用力均匀，否则会造成咖啡粉在粉碗内分布不均匀，导致咖啡萃取不均匀，影响咖啡出品质量。

2. 制作过程中注意维持吧台的基本清洁（无明显残粉散落、大面积咖啡渍及水渍等），出现污渍应立即清洁。

3. 抹布使用后要及时清洗，定期对抹布进行消毒和更换。

4. 完成制作后，工作区域应恢复到准备时的清洁状态。

学习单元 2 非压力式咖啡器具的技艺展示

一、非压力式咖啡器具展示方法与技巧

以手冲咖啡为例：

1. 展示前

（1）观察咖啡豆的包装情况、烘焙日期、产地、处理法等，掌握咖啡豆的基本信息。

（2）进行杯测，对基础风味、咖啡豆品质进行判断。

（3）选定基础的粉水比。

（4）确定研磨度。

（5）选择适合的冲煮器具。

（6）使用水质良好的水。

（7）选择适合的滤材。

2. 冲煮阶段

（1）使用粉量 1.5 ~ 2 倍的水进行闷蒸，闷蒸时间的长短须根据香气而定。

（2）注水速度中等，完成预计的注水量，记录萃取时间（过浓可以进行稀释）。

（3）试喝并记录感受。

（4）根据数据图进行调整（控制变量法）。

（5）可以分段管理粉水比、萃取温度。

（6）可以使用筛细粉、调整水质等方法进行细微修正。

二、不同处理法咖啡豆的风味特征

咖啡鲜果需要经过处理后才能呈现不同的风味。经过不同处理法处理的咖啡豆，由于保留的果胶含量、发酵程度、发酵过程等的不同，导致处理后的咖啡豆所含的前体物质（烘焙过程中发生化学反应得到的风味物质）各异，从而具有独

特的风味特征。

1. 日晒处理法

日晒处理法是最古老的咖啡豆处理法，成本较低，易受天气和当地环境的影响，在缺水的地区应用较多。日晒处理法要求气候干燥，确保晾晒均匀且通风，避免果实堆积而导致发霉。

日晒处理法咖啡豆的酸度较低，甜度高，醇厚度高。日晒过程中的不稳定因素使得咖啡豆风味和口感多变、丰富，风味域更广。

经日晒处理法处理后的咖啡豆如图 1－2 所示。

图 1－2　日晒处理法咖啡豆

2. 水洗处理法

水洗处理法是目前使用最广泛的咖啡豆处理法，在日照较少且水资源丰富的地区被较多地使用。水洗处理法是先将咖啡鲜果清洗干净，去除杂物，利用脱皮机去除外果皮；再经过发酵脱去果胶等黏质物；最终经过清洗、干燥、脱壳得到咖啡豆。

水洗处理法咖啡豆干净清爽、酸味丰富明亮，主要表现为花香、水果味、坚果味等。但由于水洗会带走咖啡豆中的易溶物质，导致其甜度和醇厚度略逊色于日晒处理法。

经水洗处理法处理后的咖啡豆如图 1－3 所示。

3. 蜜处理法

蜜处理法是指除去咖啡鲜果的外果皮和果肉，带着果胶进行干燥的一种处理方法。在哥斯达黎加、巴西等国家，由于加工厂使用的是高压水洗机，在去除外

图 1-3 水洗处理法咖啡豆

果皮、果肉的过程中也会去除一部分果胶。根据果胶残留的比例，可以将蜜处理法咖啡豆分为白蜜（30%）、黄蜜（50%）、红蜜（75%）和黑蜜（90%）4 个等级。

使用蜜处理法处理的咖啡豆，根据保留果胶的多少、日晒时长、发酵时长的不同，会呈现出不同的风味特征。总体来讲，蜜处理法咖啡豆既有水洗处理法咖啡豆的干净度及柔和酸味，也保留了日晒处理法咖啡豆的甜度和醇厚度，整体呈现出更为均衡的风味。

经蜜处理法处理后的咖啡豆如图 1-4 所示。

图 1-4 蜜处理法咖啡豆

操作技能

使用非压力式咖啡器具制作咖啡

一、操作准备

1. 设备准备

磨豆机、开水机。

2. 器具准备

滤杯、分享壶、手冲壶、滤纸、电子秤、抹布等。

3. 物料准备

咖啡豆。

二、操作步骤

步骤 1　检查

（1）确认咖啡豆烘焙日期在赏味期内。

（2）磨豆机干净无残粉、污渍或积灰。

（3）检查器具是否有污渍，若有应及时清洗干净，保证无污渍或积灰；检查器具数量是否满足要求，保证摆放位置正确。

（4）抹布清洗干净，折叠整齐，分开摆放，单独使用，避免交叉污染。

步骤 2　称豆

称取标准用量的咖啡豆（视磨豆机、咖啡豆品种而定，以不浪费物料为原则），倒入磨豆机豆仓中。

步骤 3　润湿滤纸

折叠滤纸放入滤杯，并用热水润湿滤纸，让滤纸贴合在滤杯上。

步骤 4　温杯

热水同时预热滤杯及分享壶，温杯完成至开始萃取，时间不超过 2 min。

步骤 5　准备冲煮用水

手冲壶里接 6 ~ 8 分满的热水，加入适量冷水，调整温度到冲煮所需温度。

步骤 6　磨豆

确定水温的同时开始研磨咖啡粉，研磨完成后倒入滤杯里，轻轻摇晃使粉层平整，不要用力拍打，以免粉层过于紧实。

步骤 7　萃取

（1）第一段注水

由中间向外开始画圈注水，注到需要水量，确保水已润湿咖啡粉。

（2）第二段注水

达到设定的目标时间，立即进行第二段画圈注水，确保均匀萃取，自然滴滤。

（3）第三段注水

待水位下降到即将漏出咖啡粉床时，画圈注入最后一段，使总水量达到需要水量，保证充分萃取。

（4）确认冲煮时间

注水结束后，确认冲煮时间是否在给定参数范围内。

步骤 8　出品

（1）摇匀咖啡液，倒出约 15 mL 进行品尝。

（2）确认风味后，按照出品要求摆盘出品。

步骤 9　清洁

（1）将滤纸及咖啡渣丢弃。

（2）清洁滤杯，方便继续使用。

三、注意事项

1. 润湿滤纸及温杯的水记得倒掉。

2. 磨豆结束后不要将其他杂质弹入磨好的咖啡粉中。

3. 应在咖啡粉倒入滤杯后 10 s 内开始萃取，在磨粉完成 5 min 内开始萃取。

4. 制作过程中注意维持吧台的基本清洁（无明显残粉散落、大面积咖啡渍及水渍等），出现污渍应立即清洁。

5. 完成制作后，工作区域应恢复到准备时的清洁状态。

职业模块 2

咖啡制作

培训课程 1　压力式咖啡制作与牛奶的融合

学习单元 1　压力式咖啡萃取参数调整

一、压力式咖啡萃取过程

热水作为溶剂，在穿透咖啡粉饼的过程中，与其中的可溶性物质结合，提取咖啡中的风味物质。压力式咖啡萃取过程如图 2－1 所示。

咖啡萃取的本质在于最大程度地还原咖啡豆本身的风味。因此，如何有效提取出有效成分，同时避免不良物质进入咖啡液，是萃取过程中的关键。

咖啡萃取是一个复杂的物理过程，它涉及多个因素，将共同决定咖啡液最终的品质和口感。

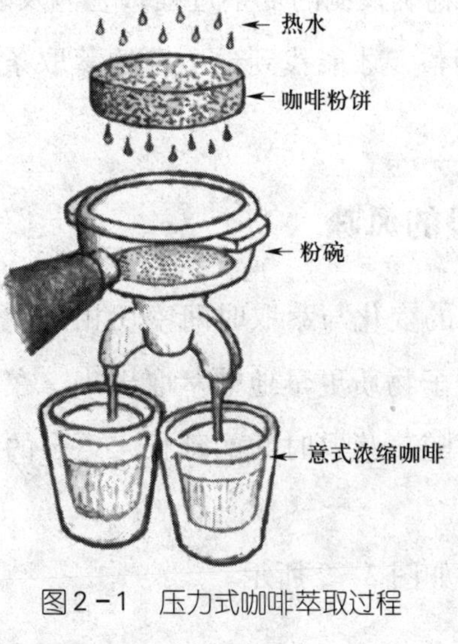

图 2－1　压力式咖啡萃取过程

二、咖啡萃取的影响因素

影响一杯咖啡品质的因素有很多，各萃取参数对咖啡风味的影响至关重要。

1. 萃取时间

萃取时间的长短直接决定了咖啡中可溶性物质的含量。萃取时间过短可能导致萃取不足，使咖啡出现尖锐、令人不愉快的酸味；而萃取时间过长则可能导致萃取过度，使咖啡过于苦涩。

2. 研磨度

研磨度决定了咖啡粉与水的接触面积。研磨越粗，水与咖啡粉的接触面积越小，在等量意式浓缩咖啡萃取中萃取速度相对快，萃取时间短，容易导致萃取不足；研磨越细，则接触面积越大，在等量意式浓缩咖啡萃取中萃取速度相对慢，萃取时间长，可能导致萃取过度。

3. 水温

水温过低，萃取速度慢，可能使咖啡味道偏酸；水温过高则可能导致咖啡中的苦味物质过度释放，使咖啡口感偏苦。

4. 压力

在压力式咖啡萃取中，咖啡机压力的大小直接影响水通过咖啡粉的速率。压力过大，可能导致萃取不足，咖啡酸味明显；而压力过低，则可能导致萃取过度，咖啡口感发苦。

咖啡萃取是一个需要精确控制的复杂过程，它涉及多个变量以及复杂的变化。只有通过不断地实践和调整，才能找到最适合的萃取条件，制作出高品质、口感丰富的咖啡。

三、萃取不同阶段的风味

在萃取过程中，风味的变化与萃取时间密切相关。由于小分子物质更容易被溶解，它们通常会比大分子物质更早地被萃取出来。在萃取初期，更容易获得轻盈、清新的咖啡口感，而随着萃取时间的延长，更多的大分子物质被萃取，口感可能变得更加浓郁和复杂。

萃取不同阶段的风味如图 2－2 所示。

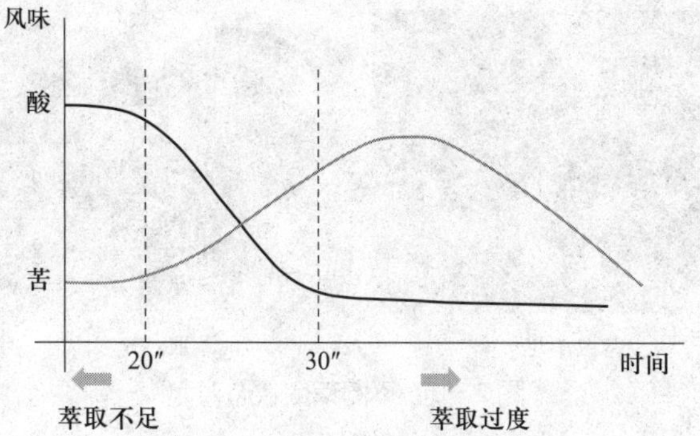

图2-2 萃取不同阶段的风味

1. 酸

在前段萃取（前20 s左右），酸味物质先被大量溶解。随着萃取时间的延长，酸味物质的溶解量逐渐减少。

2. 苦

苦味物质在萃取过程中的释放相对较慢，大约在30 s之后开始逐渐显现出来，并在一定时间内达到饱和状态。苦味物质为咖啡带来了深沉而丰富的口感，但过度的苦味也可能影响咖啡的整体品质。

3. 甜

萃取过程中，甜味物质也会被溶解出来，为咖啡带来一定柔和而甜美的风味。然而，随着萃取过程的进行，甜味可能被酸味和苦味所掩盖。

通过精确控制萃取时间，可以调整不同风味物质的释放量，从而得到口感更加均衡和丰富的咖啡。

四、不同萃取状态的表现及调整方法

1. 不同萃取状态的表现

在咖啡的萃取过程中，流速是一个重要的观察指标。流速过快，可能导致萃取不足；而流速过慢，则容易造成萃取过度。萃取不足与萃取过度在同样液重下的对比，如图2-3所示。

（1）萃取不足时，咖啡油脂的颜色较浅，口感可能表现为酸涩或淡薄。这是因为流速过快，水没有充分与咖啡粉接触，导致可溶性物质提取不足。

（2）萃取过度时，咖啡的油脂颜色较深，口感可能表现为苦涩或杂乱。这是因为流速过慢，水与咖啡粉接触时间过长，导致萃取过度。

萃取不足　　萃取过度

图2-3　不同萃取状态对比

2. 不同萃取状态的调整方法

当咖啡萃取过程中出现流速过慢或过快的情况时，在咖啡粉量按照标准设定不变的前提下，最有效的调整方法是改变研磨度。

（1）流速过慢

如果萃取过程中流速过慢，说明咖啡粉过细。此时，应适当调粗研磨度，使咖啡粉的颗粒变大，减小水与咖啡粉的接触面积，缩短萃取时间。

（2）流速过快

如果萃取过程中流速过快，说明咖啡粉过粗，水没有与咖啡粉充分接触。此时，应适当调细研磨度，使咖啡粉的颗粒变小，增加水与咖啡粉的接触面积，提高萃取时间。

通过调整研磨度，可以有效地控制咖啡的萃取程度，从而得到口感更加均衡和丰富的咖啡饮品。需要注意的是，调整研磨度应逐步进行，每次调整幅度不宜过大，以免影响咖啡口感。同时，也要结合其他萃取参数如水温、压力等进行综合调整，以达到最佳的萃取效果。

学习单元2　奶泡（沫）的类型与制作要点

一、奶泡（沫）的类型

根据奶泡与牛奶的融合状态，可将奶泡分为干奶泡和湿奶泡。

1. 干奶泡

干奶泡的膨胀度较高，呈现出较为干燥、轻盈的质地。由于质量较轻，干奶泡容易漂浮在牛奶的上层，与牛奶本体的融合度相对较低。在晃动奶缸的过程中，干奶泡不易与牛奶充分混合，使得咖啡拉花时奶泡不易与咖啡液体融合，如图2－4所示。干奶泡的流动性较差，因此制作拉花图案时不易成形，即使勉强成形也往往容易消散，口感相对较为粗糙。

图2－4　干奶泡

2. 湿奶泡

湿奶泡的流动性好，与牛奶的融合度更高。咖啡拉花时，湿奶泡更易与咖啡液体融合，使得拉花图案更加清晰和易于成形，如图2－5所示。由于湿奶泡的质地更为绵密细腻，因此制作出的拉花图案不仅美观，而且不容易消散，整体呈现出一种丝滑的质感。在口感上，湿奶泡也为咖啡增添了更为丰富的层次感和绵密感。

图2－5　湿奶泡

二、奶泡（沫）的制作要点

在制作奶泡时，打发和打绵是两个至关重要的步骤。掌握这两个步骤的要点，可以制作出细腻、绵密的奶泡，为后续的咖啡拉花提供良好的基础。

1. 打发

打入蒸汽使牛奶的体积膨胀，产生奶泡的过程，称为“打发”。

首先，蒸汽棒的位置和深度是关键。如果蒸汽棒埋入奶缸过深，蒸汽未与液体表面充分接触，会导致无法有效地混入空气而形成奶泡。因此，在打开蒸汽开关前，需要量好蒸汽棒与液体表面的距离。一般来说，蒸汽棒应置于液体表面下方约 1 cm 的位置。

其次，要注意听蒸汽与牛奶接触后发出的声音。当蒸汽开始与牛奶混合并打发出奶泡时，会发出“滋滋滋”的声音。这是判断奶泡是否正在被有效打发的重要依据。

在打发过程中，需要控制蒸汽量的大小和牛奶的流动速度，以确保奶泡的均匀性。

2. 打绵

打绵是提高奶泡质量的关键步骤。在打绵过程中，需要使打发后的奶泡随着牛奶旋转均匀地卷入内部，并使较大的奶泡分解成更细小的奶泡，从而使奶泡组织更加绵密，如图 2－6 所示。

图2－6 打绵

在打绵时，需要提高奶缸，让液面盖过蒸汽棒约半个指节的深度。这样，蒸汽棒可以继续加热牛奶，使牛奶和奶泡均匀混合。在这个过程中，过于粗大的奶泡会破裂，同时奶泡会通过旋涡式的翻滚变得更加绵密。

通过掌握打发和打绵的技巧，可以制作出高质量的奶泡。细腻、绵密的奶泡与咖啡的融合度高，可以大大提升咖啡的口感和品质。同时，高质量的奶泡也是制作美观、持久的咖啡拉花的基础。因此，在制作咖啡时，一定要重视奶泡的制作过程，并不断练习以提高技能水平。

三、奶泡（沫）的制作方式

奶泡的制作方式对于最终奶泡的质量和口感有着至关重要的影响。以下是两种常见的奶泡制作方式。

1. 边打发、边打绵

这种制作方式是将将打发牛奶跟打绵奶泡的阶段结合在一起，制作出来的奶泡组织细腻柔软，流动性较强，奶泡与咖啡可以更好地融合，从而带来更佳的口感体验。但是这种制作方法得到的奶泡绵密度会稍低一点。

2. 先打发、再打绵

这种制作方式首先将牛奶打发至适当的奶泡状态，然后再进一步打绵，增加奶泡的绵密度。虽然这种方式可以产生较有弹性的奶泡，不过容易在打发阶段产生较大的气泡，影响奶泡的整体质量。由于奶泡的流动性较差，与咖啡的融合度也会受到影响，导致口感相对较差。此外，由于奶泡组织的不均匀性，制作拉花的难度也会相应地增加。

操作技能

制作奶泡（沫）

一、操作准备

1. 设备准备

半自动意式咖啡机。

2. 器具准备

奶缸、湿毛巾、餐巾纸等。

3. 物料准备

全脂牛奶。

二、操作步骤

步骤 1　倒奶

将适量冷藏至 4 ~ 6 ℃的全脂牛奶缓缓倒入奶缸，至导流槽下端约 5 mm 处（一般为奶缸的 3 ~ 5 成满）。

步骤 2　放气

将蒸汽棒喷气口朝向滤水盘或使用湿毛巾挡住，打开蒸汽开关，将蒸汽棒中的冷凝水排出，并用专用湿毛巾擦拭干净。

步骤 3　找角度

将蒸汽棒放至偏离液面中心角度 10° ~ 30°的位置，并将蒸汽棒浸没于牛奶液面下约 1 cm 处，如图 2 - 7 所示。蒸汽棒与奶缸一般成 30° ~ 45°的夹角。

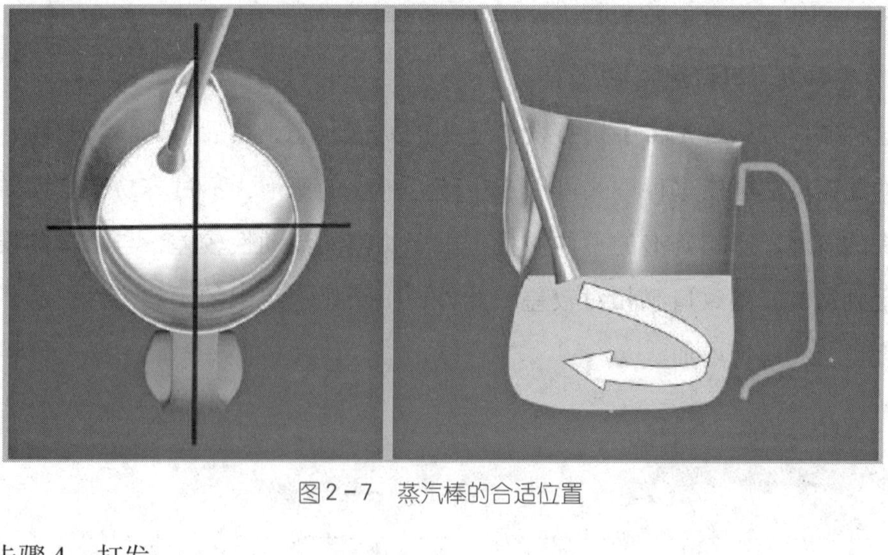

图 2 - 7　蒸汽棒的合适位置

步骤 4　打发

打开蒸汽开关，使牛奶绕一个方向均匀旋转。随着牛奶液面逐渐上升，需要不断微调蒸汽棒相对于牛奶液面的位置。当达到预期的膨胀度后，提起奶缸，使蒸汽棒沉入牛奶深处。调整蒸汽棒的角度，让牛奶保持旋转状态，用手触摸奶缸感觉温度变化，直至达到预期温度。

步骤5 完成打发

手感觉到奶缸发烫（60～65 ℃）时，关掉蒸汽开关，并把奶缸移离蒸汽棒。

步骤6 擦拭蒸汽棒

用专用湿毛巾擦拭蒸汽棒后将其包裹住再次排空，目的是清洁蒸汽棒外部及内部的残奶。

步骤7 完成制作

上下抖动奶缸，使表面粗糙的奶泡破裂，左右摇晃奶缸使奶泡表面更有光泽。

三、注意事项

1. 一只手握住奶缸手柄，另一只手轻扶奶缸侧边，以便及时感知打发温度，握缸方式如图2－8所示。两只手配合动作以避免奶缸位置偏移，如果在打发过程中奶缸或蒸汽棒位置偏移，容易出现奶泡粗糙的情况。

图2－8 握缸方式

2. 一般建议牛奶打发的起始温度为4 ℃，完成打发时的温度控制在60～65 ℃。牛奶中的蛋白质虽然有助于打发，但是一旦温度高于70 ℃，蛋白质就会被破坏。

3. 在打发的初始阶段，由于空气会随着蒸汽注入，牛奶的体积会明显增大。若打发的奶量较多，需要小心牛奶溢出。

4. 若蒸汽棒埋进牛奶过深，牛奶表面将无法与空气充分接触而产生气泡，导致奶泡过薄；若蒸汽棒埋得过浅，牛奶表面与空气接触面积过大，则容易产生大量气泡，导致奶泡过厚。

5. 牛奶在奶缸中旋转逐渐形成奶泡时，理想的奶泡应呈雾化和细腻的状态。

6. 制作奶泡时，动作应连贯、迅速，制作完成后应尽快饮用，以免奶泡的流动性变差、分层，导致口感不佳。

7. 当使用某些特殊形状的蒸汽棒或高压力机器时，若在牛奶表面下打气会使牛奶迅速过度发泡。这时可以将蒸汽棒浸入得更深一点，以适当减小压力。

学习单元3　拉花咖啡制作

一、咖啡基础花型

咖啡基础花型是指通过不同的手法和技巧，将牛奶与咖啡巧妙融合而制作出的基本图案或形状，是掌握咖啡拉花技术的基础。常见的基础花型包括心形、树叶形、郁金香形等。

1. 心形

心形是咖啡拉花中最常见的图案，即以心形图案在意式浓缩咖啡表面展现。制作时，先倒入意式浓缩咖啡，随后倒入牛奶并缓缓上移奶缸，绘制出心形的底部。接着，继续上移奶缸，使心形逐渐收窄，直至形成一个尖顶，如图2－9所示。

图2－9　心形拉花图案

2. 树叶形

树叶形是一种简单的花型，即在意式浓缩咖啡表面画出一片叶子的形状。首先，倒入意式浓缩咖啡，随后倒入牛奶并迅速下移奶缸，以形成树叶的根部。接着，慢慢向上移动奶缸，使树叶逐渐变宽。最后，调整牛奶的流速和倒入角度，绘制出树叶的尖顶，如图 2-10 所示。在制作过程中，需要注意保持手法的稳定与流畅，以呈现出树叶的自然之美。

图2-10 树叶形拉花图案

3. 郁金香形

郁金香形拉花以其优雅高贵的气质和独特的动感线条，成为咖啡拉花中的经典图案。首先，倒入适量的意式浓缩咖啡，注入牛奶与咖啡充分混合至五分满，然后下移奶缸，左右摆动，绘制出第一片底叶；接着继续制作第二片叶子，注意与第一片叶子保持距离，避免纹路交杂；最后，减缓牛奶的流速，绘制出顶端的花朵，如图 2-11 所示。

图2-11 郁金香形拉花图案

二、拉花出品标准

咖啡拉花是一种融合美食与美学的艺术，不仅深受消费者的喜爱，还能展现出咖啡师的专业技能和对咖啡的态度。然而，拉花并不仅仅是为了美观，它还会影响咖啡的口感。一杯好的咖啡拉花需要以优质的咖啡为基础。

1. 奶泡质地

奶泡是咖啡拉花的重要组成部分，它的质量直接影响咖啡拉花的口感和外观。理想的奶泡应细腻、绵密，且具有足够的稳定性，能够与咖啡良好地融合。

奶泡质地要求：无气泡，表面光滑，光泽丰富。

2. 图案纹理

将奶泡与咖啡融合在一起的过程需要咖啡师掌握一定的技巧。融合时，应注意保持稳定的流量和速度，使奶泡与咖啡充分混合，形成平滑的底色。拉花时，需要精准的动作和力度，以形成清晰的图案和对称的形状。

图案纹理要求：对比鲜明，即奶泡呈白色且干净，与咖啡油脂的颜色形成鲜明对比；图案边缘纹路清晰、不模糊。

3. 尺寸、位置与视觉均衡度

图案大小应适合杯子尺寸，摆放位置须具有美感。如果图案由多种元素组成，则这些元素在位置摆放上要达到一种平衡的美感，给人以视觉上的享受。

同时，也要注意控制温度和比例，以获得最佳的口感和香味。咖啡师需要不断地练习和尝试，以提升咖啡拉花技巧。

三、拉花技术要点

1. 注入牛奶

将打发好的牛奶倒入意式浓缩咖啡，使咖啡与牛奶融合，直至液体达到理想的浓稠状态。注入牛奶时须保持一定的高度（8 ~ 10 cm），同时注意不要破坏咖啡液面的干净度，避免奶泡下沉。融合过程中，流量应保持稳定，不要将牛奶注入到杯边。

2. 摆动

摆动是注入牛奶的技术，是形成纹路的基础，不仅可以在原位上摇动，也可以前后摆动，创造出多样化的造型，如图 2 - 12 所示。

图 2－12 摆动形成的纹路

3. 对比层次

融合时如果注入牛奶过快、过多，杯内的牛奶就容易涌上来，不易于形成多种多样的图形或细致的图案。只有掌握好左右的对称性才能确保图案的均衡感。颜色对比鲜明有助于表现特定的图案效果，如图 2－13 所示。

图 2－13 拉花图案不同对比度

操作技能

技能 1 心形图案拉花制作

一、操作准备

1. 设备准备

半自动意式咖啡机、磨豆机。

2. 器具准备

陶瓷咖啡杯碟、奶缸、托盘、毛巾、毛刷、餐巾纸等。

3. 物料准备

咖啡豆、牛奶。

二、操作步骤

心形图案拉花制作步骤见表 2－1。

表 2－1　　心形图案拉花制作步骤

操作步骤	图示
步骤 1　开始拉花前注意握杯的姿势，保持杯把朝向手臂方向，杯子适度倾斜，可以见到杯子底部未被咖啡液体覆盖的部分，大约占整个杯底的 1/3	
步骤 2　当咖啡与牛奶融合至 5 成满的位置时，在杯子边缘 1/3 的位置开始拉花，大流量注入并保持流速稳定	
步骤 3　当咖啡液面出现白色纹路时，保持奶缸稳定而有节奏地左右摆动。随着液体量的增加，慢慢将杯子回正	

续表

操作步骤	图示
步骤 4　心形成形后拉高奶缸，小流量向前推以收尾	
步骤 5　制作完成放在指定区域，准备摆盘出品	

三、注意事项

1. 在制作前检查器具是否合适，物料是否齐全。

2. 在制作过程中注意保持卫生的清洁。

3. 在制作过程中注意控制牛奶量，避免牛奶溢出奶缸。

4. 为使顾客右手持杯时拉花图案为正，在制作拉花图案时需要左手持杯，杯把朝向手臂方向。如果为反手操作，则右手持杯，杯把向外。

5. 出品前注意摆盘的完整性和卫生的检查与保持。

技能 2　树叶图案拉花制作

一、操作准备

1. 设备准备

半自动意式咖啡机、磨豆机。

2. 器具准备

陶瓷咖啡杯碟、奶缸、托盘、毛巾、毛刷、餐巾纸等。

3. 物料准备

咖啡豆、牛奶。

二、操作步骤

树叶图案拉花制作步骤见表 2－2。

表 2－2　　　　树叶图案拉花制作步骤

操作步骤	图示
步骤 1　开始拉花前注意握杯的姿势，保持杯把朝向手臂方向，杯子适度倾斜，可以见到杯子底部未被咖啡液体覆盖的部分，大约占整个杯子底部的 1/3，倒入牛奶与咖啡融合至 5 成满	
步骤 2　将奶缸降至贴近杯子，从液面中心位置开始拉花，出现白色纹路后开始有节奏地摆动奶缸，树叶根部底纹成形后继续保持有节奏的摆动，边摆动边匀速后退	

续表

操作步骤	图示
步骤3　树叶图案成形后拉高奶缸，小流量向前推以收尾，完成树叶图案拉花制作	

技能3　郁金香图案拉花制作

一、操作准备

1. 设备准备

半自动意式咖啡机、磨豆机。

2. 器具准备

陶瓷咖啡杯碟、奶缸、托盘、毛巾、毛刷、餐巾纸等。

3. 物料准备

咖啡豆、牛奶。

二、操作步骤

郁金香图案拉花制作步骤见表2－3。

表2－3　　郁金香图案拉花制作步骤

操作步骤	图示
步骤1　开始拉花前注意握杯的姿势，保持杯把朝向手臂方向，杯子适度倾斜，可以见到杯子底部未被咖啡液体覆盖的部分，大约占整个杯底的1/3	

续表

操作步骤	图示
步骤2　倒入牛奶与咖啡融合至5分满时，奶缸降至尽量贴近液面，均匀左右摆动，完成第一片底叶的制作	
步骤3　继续制作第二片叶子，注意与第一片叶子保持一定的距离，避免图案纹路交杂不清晰	
步骤4　减缓流速，完成顶端叶片的制作。顶端叶片可以是两片也可以是多片，如果是多片，需要注意保持一定的间距	
步骤5　继续减小流速和流量，适当拉高奶缸高度，向前推以收尾，完成制作	

学习单元 4 花式咖啡制作

一、焦糖玛奇朵咖啡

焦糖玛奇朵咖啡源于传统的意式玛奇朵咖啡，是由意式浓缩咖啡、牛奶、奶泡、焦糖糖浆以及焦糖酱制作而成的。焦糖糖浆和焦糖酱的浓稠度不一样。焦糖糖浆是液体状的，为咖啡提供风味和甜度；焦糖酱具有半固体半液体的胶质特性，主要用于奶泡表面的钩花，以增加咖啡的焦糖香气。

焦糖玛奇朵咖啡具有浓郁的焦糖香气，口感丝滑细腻。焦糖的香甜与咖啡的苦味完美融合，非常适合无法接受咖啡苦味的消费者饮用。

二、风味拿铁咖啡

在经典拿铁咖啡的基础上融入风味糖浆，形成风味拿铁咖啡。风味拿铁咖啡为咖啡爱好者带来了更多元化的味觉享受，经典代表有具有清新香草香气的香草风味拿铁咖啡，以及具有浓郁榛果香气和丝滑口感的榛果风味拿铁咖啡等。

在制作风味拿铁咖啡时，可以根据个人喜好选择不同的风味糖浆，适合喜欢口感层次丰富及独特风味的消费者饮用。

三、澳白咖啡

澳白，也称馥芮白，起源于澳大利亚和新西兰。相对于普通拿铁咖啡，它的奶泡更薄、更细腻，厚度通常在 0.5 cm 以内，更凸显咖啡的香醇口感。

澳白咖啡的奶泡制作尤为关键，要求奶泡细腻且轻盈，从而使整杯咖啡的口感更加和谐与平衡。澳白咖啡适合喜欢轻盈口感、追求咖啡本身味道的消费者饮用。

操作技能

技能1 制作焦糖玛奇朵咖啡

一、操作准备

1. 设备准备

半自动意式咖啡机、磨豆机。

2. 器具准备

奶缸、压粉器、电子秤、粉碗专用清洁毛巾、蒸汽棒专用清洁毛巾、吧台专用清洁毛巾、咖啡杯碟、咖啡勺、裱花针等。

3. 物料准备

咖啡豆、牛奶、焦糖糖浆、焦糖酱等。

二、操作步骤

焦糖玛奇朵咖啡的制作步骤见表2-4。

表2-4 焦糖玛奇朵咖啡的制作步骤

操作步骤	图示
步骤1 检查设备是否正常运作	

续表

操作步骤	图示
步骤 2　检查磨豆机内的咖啡豆是否足量且新鲜	
步骤 3　在咖啡杯中加入焦糖糖浆	
步骤 4　按照标准制作意式浓缩咖啡于装有焦糖糖浆的咖啡杯中	

续表

操作步骤	图示
步骤5　按照标准的奶泡制作流程，制作并打发奶泡	
步骤6　用大的咖啡勺向咖啡杯中加入3~4勺奶泡于咖啡液表面	
步骤7　用咖啡勺引流，让牛奶沿着咖啡勺缓缓流入咖啡杯中。咖啡勺需要随着奶泡的上升而往上提拉，直到牛奶倒至8成满	

续表

操作步骤	图示
步骤8　用咖啡勺挖一勺奶泡，将倒入牛奶形成的空隙填补均匀，修饰表面	
步骤9　在奶泡表面淋上焦糖酱，再用裱花针进行钩花	
步骤10　将制作完成的焦糖玛奇朵咖啡放在指定区域以待出品	

三、注意事项

焦糖酱在使用之前建议放到冰箱里面冷藏，否则夏天室内温度较高时，焦糖酱容易融化从而导致花形不细致。

技能2　制作冰焦糖玛奇朵咖啡

一、操作准备

1. 设备准备

半自动意式咖啡机、磨豆机。

2. 器具准备

手动打奶器、奶缸、压粉器、电子秤、粉碗专用清洁毛巾、蒸汽棒专用清洁毛巾、吧台专用清洁毛巾、咖啡勺、玻璃杯、裱花针等。

3. 物料准备

咖啡豆、牛奶、焦糖糖浆、焦糖酱、冰块等。

二、操作步骤

冰焦糖玛奇朵咖啡的制作步骤见表2－5。

表2－5　　冰焦糖玛奇朵咖啡的制作步骤

操作步骤	图示
步骤1　检查设备是否正常运作	
步骤2　检查磨豆机内的咖啡豆是否足量且新鲜	

续表

操作步骤	图示
步骤3　手动打发奶泡，放入冰箱冷藏待用	
步骤4　按照标准制作意式浓缩咖啡	
步骤5　萃取咖啡的同时，在玻璃杯中加入冰块	

续表

操作步骤	图示
步骤 6　在玻璃杯中倒入冷藏牛奶至 7 分满，同时加入焦糖糖浆，预留奶泡和意式浓缩咖啡的空间	
步骤 7　将预制好的奶泡表层的粗糙奶泡刮除，轻轻搅拌牛奶和奶泡的混合物	
步骤 8　向杯中注入牛奶和奶泡的混合物，以及萃取好的意式浓缩咖啡	

续表

操作步骤	图示
步骤9　淋焦糖酱并用裱花针勾画图案	

技能3　制作风味拿铁咖啡

一、操作准备

1. 设备准备

半自动意式咖啡机、磨豆机。

2. 器具准备

奶缸、压粉器、电子秤、粉碗专用清洁毛巾、蒸汽棒专用清洁毛巾、吧台专用清洁毛巾、咖啡杯碟等。

3. 物料准备

咖啡豆、牛奶、风味糖浆等。

二、操作步骤

风味拿铁咖啡的制作步骤见表2－6。

表2-6　　　　　　　　风味拿铁咖啡的制作步骤

操作步骤	图示
步骤1　检查设备是否正常运作	
步骤2　检查磨豆机内的咖啡豆是否足量且新鲜	
步骤3　在咖啡杯中加入风味糖浆（可以选择香草糖浆、榛果糖浆等）	

续表

操作步骤	图示
步骤4　按照标准制作意式浓缩咖啡，倒入装有风味糖浆的咖啡杯中	
步骤5　按照标准的奶泡制作流程，制作并打发奶泡，奶泡厚度控制在5～10 mm	
步骤6　将打发好的奶泡倒入意式浓缩咖啡混合并进行拉花	

续表

操作步骤	图示
步骤7　将制作完成的风味拿铁咖啡放在指定区域以待出品	

技能4　制作冰风味拿铁咖啡

一、操作准备

1. 设备准备

半自动意式咖啡机、磨豆机。

2. 器具准备

奶缸、压粉器、电子秤、粉碗专用清洁毛巾、蒸汽棒专用清洁毛巾、吧台专用清洁毛巾、玻璃杯等。

3. 物料准备

咖啡豆、牛奶、风味糖浆、冰块等。

二、操作步骤

冰风味拿铁咖啡的制作步骤见表2－7。

表2－7　　冰风味拿铁咖啡的制作步骤

操作步骤	图示
步骤1　检查设备是否正常运作	

续表

操作步骤	图示
步骤 2　检查磨豆机内的咖啡豆是否足量且新鲜	
步骤 3　按照标准制作意式浓缩咖啡	

续表

操作步骤	图示
步骤 4　萃取咖啡的同时，在玻璃杯中加入冰块	
步骤 5　在玻璃杯中加入冷藏牛奶至 8 分满，同时加入风味糖浆	
步骤 6　将意式浓缩咖啡液倒进玻璃杯中	

续表

操作步骤	图示
步骤7 将制作完成的冰风味拿铁咖啡放在指定区域以待出品	

技能5 制作澳白咖啡

一、操作准备

1. 设备准备

半自动意式咖啡机、磨豆机。

2. 器具准备

奶缸、压粉器、电子秤、粉碗专用清洁毛巾、蒸汽棒专用清洁毛巾、吧台专用清洁毛巾、咖啡杯等。

3. 物料准备

咖啡豆、牛奶。

二、操作步骤

澳白咖啡的制作步骤见表2－8。

表2－8 澳白咖啡的制作步骤

操作步骤	图示
步骤1 检查设备是否正常运作	

续表

操作步骤	图示
步骤 2　检查磨豆机内的咖啡豆是否足量且新鲜	
步骤 3　按照标准制作意式浓缩咖啡	

续表

操作步骤	图示
步骤4　按照标准的奶泡制作流程，制作并打发较薄的奶泡，奶泡厚度为3～5 mm	
步骤5　将打发好的奶泡倒入意式浓缩咖啡混合并进行拉花	
步骤6　将制作完成的澳白咖啡放在指定区域以待出品	

培训课程 2 非压力式咖啡制作方案设计和操作

学习单元 1　非压力式咖啡制作参数

一、萃取率与浓度

1. 萃取率

萃取率是指从咖啡粉中萃取出的可溶性物质质量占咖啡粉总质量的比例，它衡量的是咖啡粉中能够被有效溶解到咖啡液中的物质的比例。

萃取率反映的是咖啡的口味，萃取率偏低或偏高都会影响咖啡口味。当萃取率低于 18% 时，称为萃取不足，口味主要表现为酸味，味道淡薄，缺乏层次感；当萃取率大于 22% 时，称为萃取过度，口味主要表现为苦涩味；萃取率在 18% ~ 22% 时，咖啡口味酸苦平衡，为理想的萃取率区间。

2. 浓度

浓度是指从咖啡粉中萃取出的可溶性物质质量占咖啡液质量的比例。咖啡浓度反映的是咖啡的口感，会受咖啡萃取率的影响。冲煮咖啡的适宜浓度一般为 1.15% ~1.45%，小于 1.15% 则轻淡无味，大于 1.45% 则过于浓厚。

二、非压力式咖啡的制作要点

1. 粉水比

粉水比是指咖啡粉与用于冲煮的水的比例。这个比例直接影响萃取过程中从咖啡粉中溶解出的可溶性物质的量。

在其他条件固定的情况下，粉水比与萃取率呈正相关关系。粉量相同，水量越多，萃取率越高；水量越少，萃取率越低。

冲煮咖啡的粉水比建议为1∶20～1∶15。粉水比过小，口感可能过于淡薄；粉水比过大，则口感可能显得过于浓郁，甚至带有苦涩味。

2. 研磨度

咖啡粉的研磨度会影响咖啡粉与水的接触面积以及水穿透咖啡粉的速度，从而直接影响萃取时间的长短及萃取率的高低。

（1）咖啡粉研磨越细，粉层越密实，越有较多的咖啡粉粒与热水接触，使萃取阻力加大，萃取时间延长，从而提高萃取率。萃取率越高，味道越浓烈，很容易萃取过度。

（2）咖啡粉研磨越粗，粉层空隙越大，越有较少的咖啡粉粒与热水接触，使萃取阻力减小，萃取时间缩短，从而降低萃取率；萃取率越低，味道越清淡，很容易萃取不足。

因此，增加咖啡研磨度，会延长萃取时间，提高萃取率；减小咖啡研磨度，会缩短萃取时间，降低萃取率。

研磨好的咖啡粉应立即冲煮，这是因为咖啡粉与空气接触后，氧化速度会加快，导致咖啡粉中的芳香物质快速散失。

研磨度需要根据咖啡豆的烘焙度和所选的冲煮器具来决定。烘焙度越深，研磨度越粗；烘焙度越浅，研磨度越细。法压壶通常使用粗研磨，滴滤式制作法通常使用中细研磨，虹吸壶通常使用偏细研磨。

3. 萃取时间

萃取时间会影响咖啡液中可溶性物质的含量。萃取时间越长，咖啡中的可溶性物质越多，口感越醇厚；萃取时间越短，咖啡中的可溶性物质越少，口感越淡薄。只有控制好萃取时间才能促成最适当的萃取及更均匀的结果。

使用法压壶、手冲器具制作咖啡时，建议萃取时间为2～4 min。

4. 水温

水温取决于咖啡师期望得到的风味。冷水无法像热水那样迅速且完整地萃取咖啡风味。水温在88～96 ℃时，风味物质能在合理的时间内被有效地萃取出来。水温与口感的关系如图2－14所示。

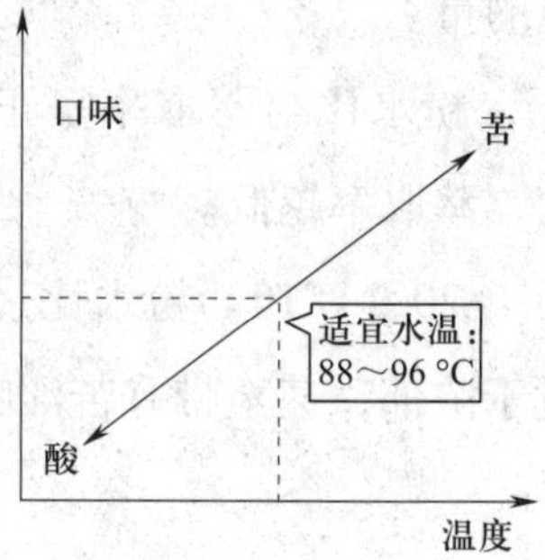

图2－14 水温与口感的关系

冲煮水温越高，萃取进程越快，萃取率越高；冲煮水温越低，萃取进程越慢，萃取率越低。因此，低于适宜水温，口感会偏酸且较为单薄；高于适宜水温，口感会苦涩且带有杂味。

5. 搅动

搅拌是滴滤式咖啡制作中最常见的搅动形式之一，这种方法通过使用勺子或其他器具使咖啡粉与水充分混合，并持续特定的时间，确保萃取过程的均匀进行。分段注水也是另一种形式的搅动。

充分搅动可以使水从咖啡粉中萃取足够的可溶性物质。如果没有搅动过程，容易导致萃取不足，咖啡味淡且酸。然而，过多的搅动又意味着可能导致萃取过度，使咖啡味涩且苦。

6. 水质

萃取咖啡时，水是仅次于咖啡豆的重要影响因素，萃取出来的咖啡中水的含量约占 98.5%，从这一点来看，水质对于萃取一杯好咖啡尤为重要。水对咖啡的影响因素主要包括：溶解性固体总量、酸碱度和硬度。

（1）溶解性固体总量

溶解性固体总量（total dissolved solids，TDS）表示 1 升水中溶有多少毫克的溶解性固体，测量单位为 mg/L。溶解性固体包括溶解在水里的无机物和有机物。TDS 值越低，代表水中可溶解物质越少，越容易萃取出咖啡里的物质；TDS 值越高，代表水中可溶解物质越多，咖啡里的物质越不容易被萃取出来。

（2）酸碱度

咖啡是 pH 值为 5～6 的弱酸性饮品。

冲煮用水的 pH 值越高，减少酸味的效果就越明显，所以当使用 pH 值较高的水冲煮咖啡时，可以一定程度上降低咖啡的酸味；同理，当选择 pH 值较低的水时，会增加咖啡的酸味。因此，一般建议使用 pH 值在 6.5 ~ 7.5 的水冲煮咖啡。

（3）硬度

水的硬度是衡量水中钙、镁离子含量的标准，通常以每升水中所含钙、镁离子折算成碳酸钙的毫克数来表示。当水中碳酸钙的含量低于 150 mg/L 时称为软水，达到 150 ~ 450 mg/L 时称为硬水，450 ~ 714 mg/L 时称为高硬水，高于 714 mg/L 时称为特硬水。

水的硬度对水与咖啡粉之间的作用有着很大的影响，硬水会改变咖啡粉可溶出物质的比例，进而改变咖啡的风味和口感。通常情况下，水的硬度在 50 ~ 175 mg/L 时最适宜萃取咖啡，也比较容易得到理想的浓度和萃取率。

7. 过滤方式

使用过滤方式不同的咖啡器具冲煮咖啡，由于萃取方式不同，即使所用的咖啡粉量和水量相同，也会得到不同的口感。

一些常见的咖啡冲煮器具如图 2 - 15 所示。

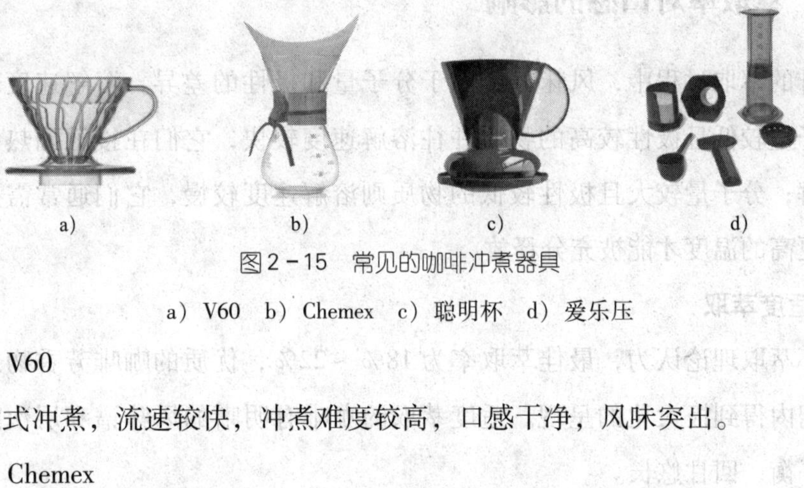

图 2 - 15　常见的咖啡冲煮器具

a）V60　b）Chemex　c）聪明杯　d）爱乐压

（1）V60

过滤式冲煮，流速较快，冲煮难度较高，口感干净，风味突出。

（2）Chemex

过滤式冲煮，流速稍慢，冲煮难度低，干净度高，口感圆润顺滑。

（3）聪明杯

浸泡式加过滤式冲煮，制作简单，受冲煮手法的影响小，咖啡风味浓郁，口感柔和，入口圆润，干净度佳。

（4）爱乐压

浸泡式加压力式冲煮，冲煮出来的咖啡醇厚度好，萃取均匀，浓淡口味均适用。

学习单元2　咖啡冲煮管控

一、金杯萃取表

不同国家和地区会有不同的咖啡适宜浓度，喜欢浓郁醇厚咖啡口感的，咖啡浓度就会偏高；喜欢偏淡口感的，咖啡浓度就比较低。金杯萃取表如图2－16所示，横轴为萃取率，纵轴为咖啡浓度，斜线指粉水比，中间浓度在1.15%～1.45%的部分就是能够呈现出咖啡风味的理想范围。根据SCA金杯萃取表可以进行冲煮参数的调整。随着咖啡行业的发展、咖啡豆本身的变化以及人对咖啡口味的认知变化，呈现理想风味的参数也不会一成不变。

二、萃取率对口感的影响

咖啡的萃取过程中，风味分子由于分子量和极性的差异，溶解速度也各不相同。分子量较低且极性较高的物质往往溶解速度较快，它们在接触到热水时会更容易溶解；分子量较大且极性较低的物质则溶解速度较慢，它们通常需要更长的时间和更高的温度才能被充分释放。

1. 适度萃取

金杯萃取理论认为，最佳萃取率为18%～22%，优质的咖啡芳香物质会在此理想区间内得到极大化的呈现。适度萃取的咖啡有明晰的风味谱和层次感，酸度和甜度平衡，回甘悠长。

2. 萃取不足

如果萃取率低于18%，即萃取不足，则只有分子量较低且极性较高的风味物质被溶解，即没有提取出足够的物质。萃取不足的咖啡整体风味显得单一，酸味凸显。

3. 萃取过度

当咖啡的萃取率超过22%时，那些不易溶解的苦涩物质，即质量较大且极性

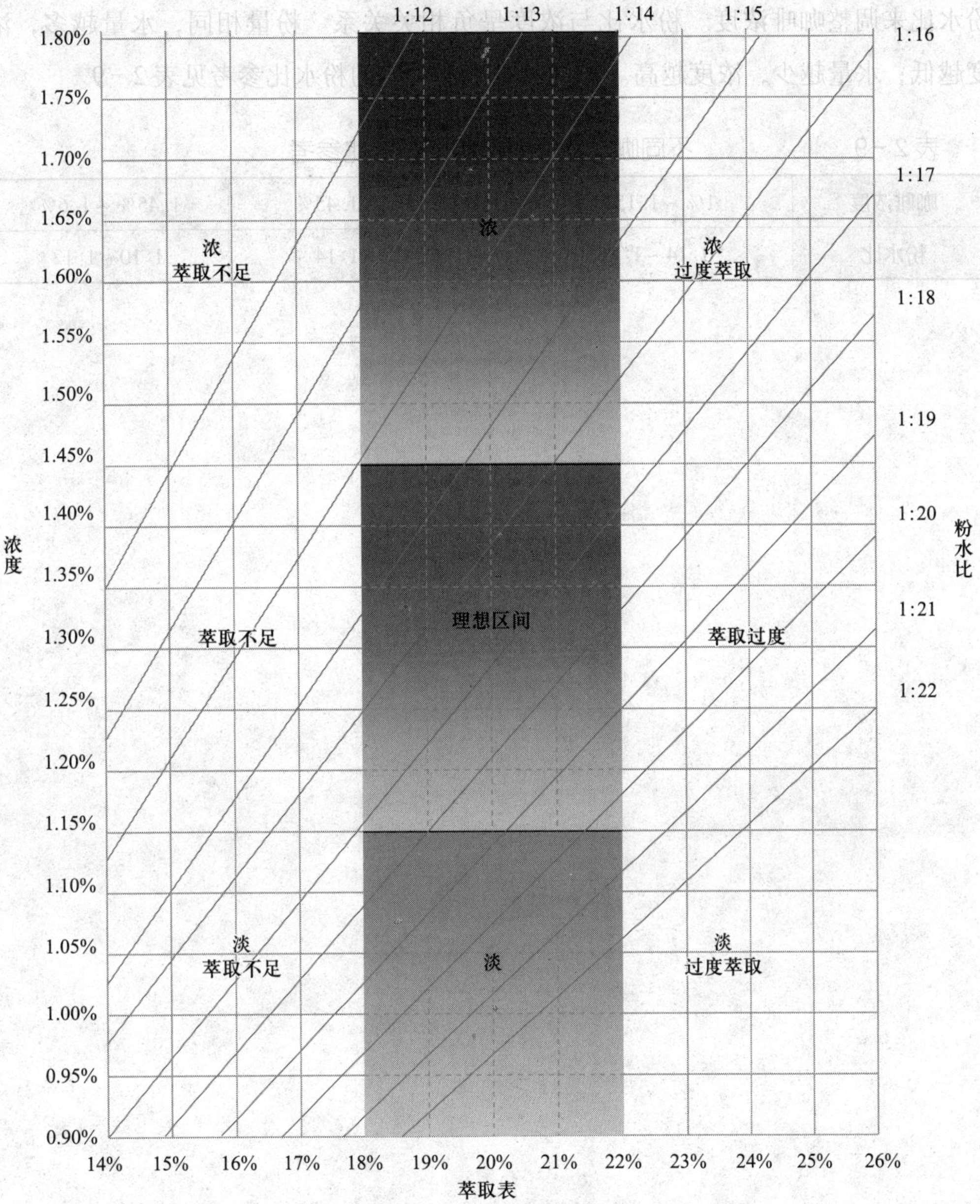

图2－16 金杯萃取表

较低的类黑素和碳水化合物/植物纤维等，开始被萃取出来，往往会带来苦涩和杂乱的口感，导致咖啡出现杂味和不良风味，如令人不愉悦的橡胶、木头、干草等味道，破坏了咖啡原本的风味平衡。

三、咖啡浓度的调整方法

在咖啡豆、器具、研磨度、水温、注水方式等都相同的情况下，可通过调整粉水比来调整咖啡浓度。粉水比与浓度呈负相关关系。粉量相同，水量越多，浓度越低；水量越少，浓度越高。不同咖啡浓度对应的粉水比参考见表2－9。

表2－9　不同咖啡浓度对应的的粉水比参考

咖啡浓度	1%～1.15%	1.15%～1.45%	1.45%～1.6%
粉水比	1:14～1:16	1:12～1:14	1:10～1:12

职业模块 3

吧台设备、器具的清洁与维护

培训课程 1

咖啡设备的清洁与维护

学习单元 1 咖啡设备的构造

制作一杯高品质的咖啡，离不开合适的水温和压力，而水温与压力是由咖啡机的核心部件——锅炉产生的。所谓锅炉，是指咖啡机腔内由金属构成的密闭空间，用来储存水，并附有加热装置（产生蒸汽及热水）。锅炉的热源可以来自内部，即即热式加热器加热；也可以来自外部，即瓦斯加热。

一、咖啡机锅炉的材料

咖啡机锅炉的材料主要为铜与不锈钢。铜具有延展性强、热传导快等优点，热传导的速率会影响整体加热的均匀度，所以，铜是制作锅炉的良好材料。随着意式浓缩咖啡的流行，需要咖啡机能产生足够的压力，因而对锅炉的要求也越来越高。不锈钢材料不仅耐压、耐高温，而且安全卫生，不易被腐蚀。目前使用最多的是 316 不锈钢和 304 不锈钢。316 不锈钢的耐热性、耐腐蚀性能突出，常用于卫生要求较高的产品；304 不锈钢的机械性能突出，常用于加工难度高的产品。

二、咖啡机锅炉的类型

根据锅炉冲煮加热系统的不同，可以将咖啡机锅炉分为单锅炉系统、双锅炉系统、子母锅炉系统等。

1. 单锅炉系统

单锅炉系统是指只有一个锅炉的系统，即咖啡机的热水、蒸汽和冲煮头用水都使用同一个锅炉加热器加热。在浓缩萃取时，单锅炉系统咖啡机需要大量的热水稳定水温。当操作较频繁时，锅炉会自动补水，新鲜的水进入锅炉后会降低原来的水温，导致蒸汽供应不足，从而使冲煮头的出水温度受到影响。单锅炉系统工作原理较为简单，售价也相对便宜，多适用于家用型咖啡机。

2. 双锅炉系统

双锅炉系统（见图 3－1）的热水和蒸汽使用同一个锅炉加热，冲煮头用水使用另一个锅炉加热，即在单锅炉系统上额外增加了萃取锅炉。

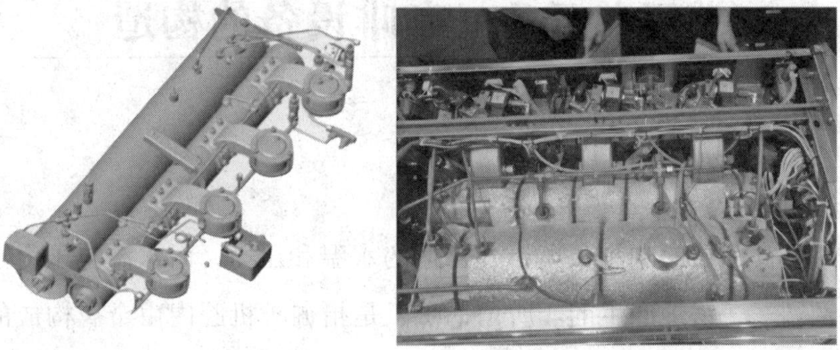

图 3－1　双锅炉系统

双锅炉系统不仅能提升工作效率，还能有效提高咖啡萃取的稳定性。在咖啡萃取的过程中，水温是决定萃取效率非常重要的一个因素，因此大多数双锅炉系统咖啡机的萃取锅炉内部都装有温度计和探针以进行实时的温度监测，确保萃取过程中水温的稳定。由于双锅炉系统造价高，所以其售价也比单锅炉系统更高。

3. 子母锅炉系统

子母锅炉系统主要由母锅炉和子锅炉构成。当母锅炉的水温达到设定值时，通过热交换的方式将子锅炉加热，从而实现了热水、蒸汽和冲煮头用水的加热。子母锅炉系统利用“隔水加热”的工作原理，改变了冲煮用水的加热方式，让冲煮咖啡的水不直接接触热源。子母锅炉系统如图 3－2 所示。

子母锅炉系统这种巧妙的热交换设计，在控制冲煮头水温方面非常高效，广泛应用于商用意式浓缩咖啡机。

图3-2 子母锅炉系统

4. 多锅炉系统

多锅炉系统与双锅炉系统类似，不同的是每个冲煮头上都有独立的锅炉，在水温控制上更加精准，确保在咖啡制作过程中能稳定保持所需的温度。由于其结构复杂，具有较多的加热元件，多锅炉系统咖啡机的制造成本和维护成本相对较高。

学习单元2 咖啡机常见故障及排除方式

一、咖啡从冲煮头旁溢出

1. 产生原因

（1）咖啡机手柄未锁紧。

（2）冲煮头滤网边缘有咖啡粉。

（3）冲煮头垫圈老化。

2. 排除方式

若是前两种原因，只需要纠正操作方式就能解决。如果是第三种原因导致的故障，需要更换冲煮头上的垫圈。

二、出品的咖啡不够热

1. 产生原因

（1）咖啡粉研磨过粗或填压力度不够，导致热水通过的速度过快。

（2）咖啡手柄用完没有扣回冲煮头，造成手柄的温度过低。

（3）事先没有温杯。

（4）咖啡机的加热管发生故障。

2. 排除方式

首先排除由于操作不当引起的出品咖啡不够热的现象。如果怀疑是咖啡机加热管出现故障，应先咨询专业人员，切勿贸然自行拆卸咖啡机。另外，咖啡机如果出现一加热就跳闸的情况，也可能是加热管发生故障。

三、蒸汽管滴水

1. 产生原因

（1）蒸汽开关没有完全关紧。

（2）蒸汽喷嘴松动。

（3）蒸汽杆接头内密封圈老化。

2. 排除方式

首先查看蒸汽开关是否完全关闭，蒸汽喷嘴是否松动。若排除这两项后依然滴水，需要联系供应商上门检查、维修，更换相关配件。在描述故障时，尽量清楚、准确，以便维修人员尽快判断出现问题的原因。

四、蒸汽管不出蒸汽只出水

1. 产生原因

（1）咖啡机锅炉水位探针出现问题。

（2）咖啡机锅炉进水阀堵塞。

2. 排除方式

以上两个原因都需要打开咖啡机盖板进行检查，须联系专业人员操作或联系供应商上门检查、维修。

五、咖啡流速太慢或太快

在确保研磨度、填压力度及粉量等参数适宜的情况下，依然无法恢复正常的流速，需要联系供应商上门检查、维修。

培训课程 2 水处理装置及其他设备的维护

学习单元 1　水处理装置的维护

一、水质要求

《生活饮用水卫生标准》（GB 5749—2022）规定了生活饮用水水质要求。生活饮用水水质应符合下列基本要求，保证用户饮用安全：

1. 生活饮用水中不应含有病原微生物。
2. 生活饮用水中化学物质不应危害人体健康。
3. 生活饮用水中放射性物质不应危害人体健康。
4. 生活饮用水的感官性状良好。
5. 生活饮用水应经消毒处理。

水中主要有害物质及其危害见表 3－1。

表 3－1　　水中主要有害物质及其危害

污染物种类	代表污染物	对人体的伤害	产生原因
有毒有机物	卤代有机物	导致胃癌、肝癌、膀胱癌发病率升高，内分泌紊乱	氯化消毒副产物
	苯	对血液、造血组织、染色体产生毒作用	化工厂废水，汽油
	DDT	引起肝细胞坏死，肝负担增加	农药对地下水的污染

续表

污染物种类	代表污染物	对人体的伤害	产生原因
病原微生物	细菌，病毒，病原原生动物	伤寒，痢疾，肝炎，霍乱，脊髓灰质炎，蛔虫病	粪便，医院，屠宰场，废水
重金属	汞	心血管系统衰竭，肾衰竭，胃肠道损伤，神经系统、免疫系统损伤	电子工业，冶金工业
	铅	肾脏损伤，神经系统病变，致畸变	油漆，水管，电池，塑料稳定剂
	银	银质沉着症	摄影器材，电池，镜子

二、净水技术

1. 膜技术

膜技术主要特点及对比如图 3－3 所示。

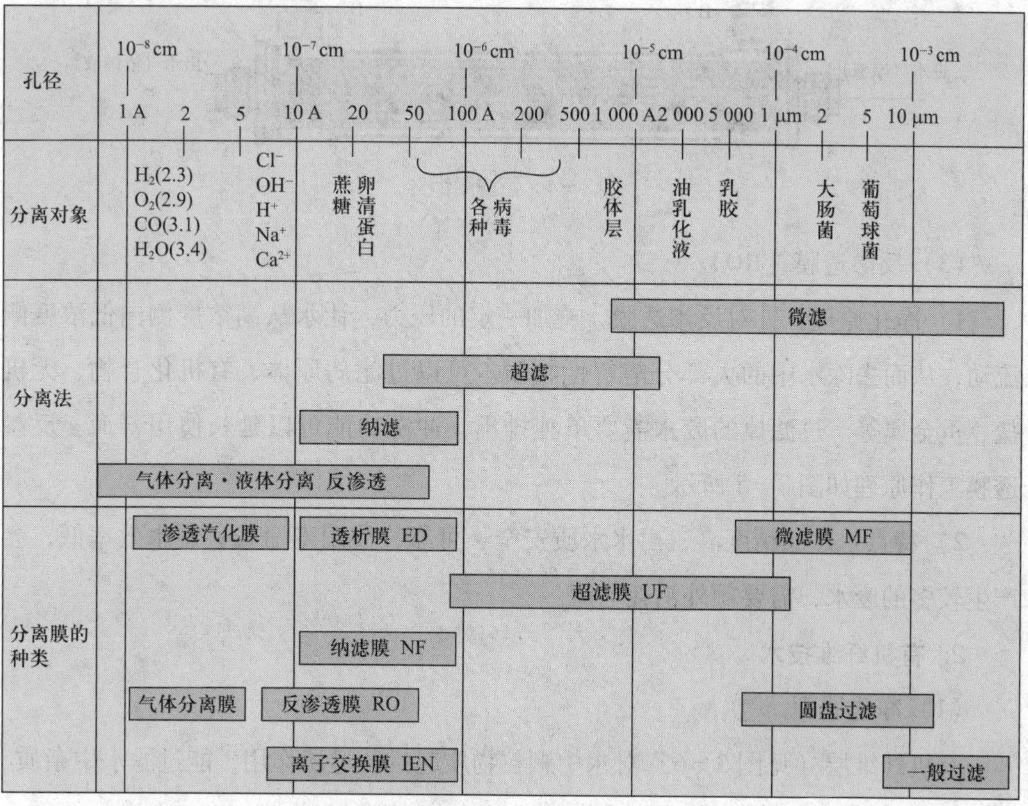

图 3－3 膜技术主要特点及对比

（1）微滤膜（MF）

1）净化原理：可以拦截水中的颗粒物质，如胶体、部分细菌、有机物大分子等。

2）膜材料：纤维素酯、聚砜、聚烯烃、聚氯乙烯等。

3）特点：过滤精度适中，出水量较大，但无法去除细菌和病毒。

4）产品应用：商用直饮水产品。

（2）超滤膜（UF）

1）净化原理：可以拦截胶体、细菌、有机物大分子等，对其产生过滤作用。超滤膜技术常用超滤膜组件如图 3－4 所示。

2）膜材料：纤维素酯、聚砜、聚烯烃、聚氯乙烯等。

3）特点：过滤精度高，出水量较小，但滤膜易堵塞。

4）产品应用：家用/商用直饮水产品。

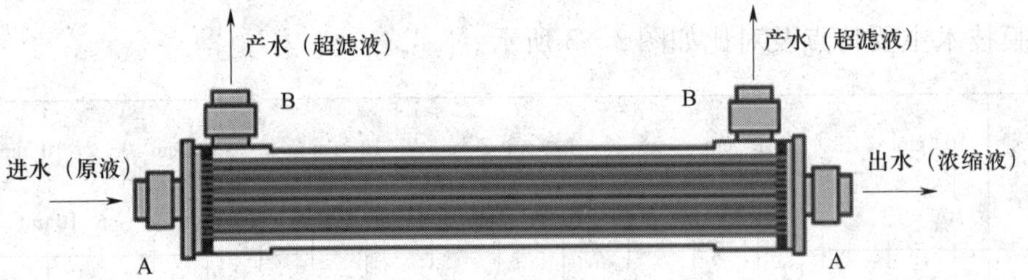

图3－4　超滤膜组件

（3）反渗透膜（RO）

1）净化原理：针对反渗透膜，施加一定的压力，让水从高浓度侧向低浓度侧流动，从而去除水中的大部分溶解性物质。可以过滤病原体、有机化合物、无机盐、重金属等。过滤掉的废水需要单独排出，冲洗功能可以延长使用寿命。反渗透膜工作原理如图 3－5 所示。

2）特点：过滤精度高，出水水质安全、可靠，使用寿命长；制水效率低，会产生较多的废水，需要额外消耗电能。

2. 有机纤维技术

（1）净化原理

有机纤维层（见图3－6）对水中颗粒物质起拦截过滤作用，能过滤水中杂质、铁锈及细小颗粒物、悬浮物，提高水的清澈度。

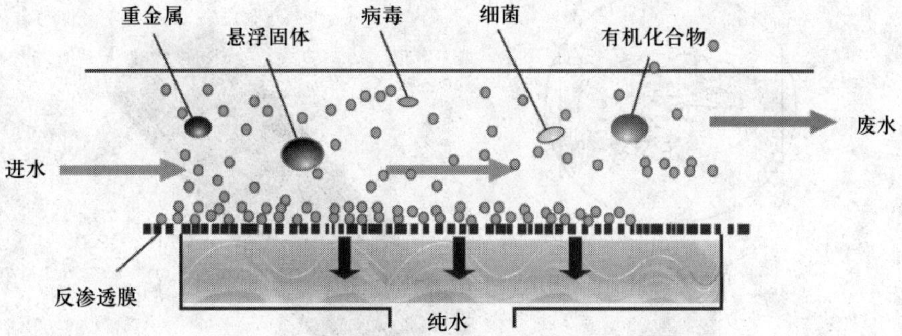

图3-5 反渗膜工作原理示意图

(2) 特点

经济适用，但精度相对较低。

(3) 产品应用

前置净水过滤器。

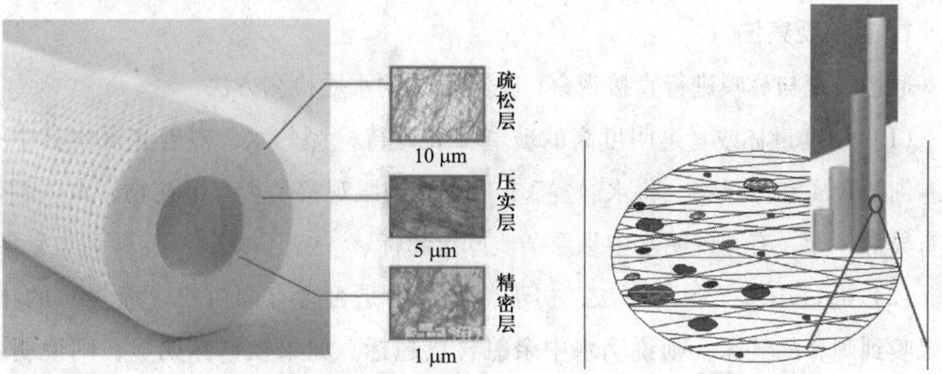

图3-6 有机纤维层

3. 活性炭技术

(1) 净化原理

活性炭（见图3-7）的大比表面积可以吸附有机物和余氯等，能去除异嗅、异味，优化色度。活性炭层的微通道可以过滤颗粒物质（仅限于碳棒，0.5~10 μm）和水中胶体物质、有机物大分子等。

(2) 特点

材质安全、可靠，可明显改善口感；容易在静态下滋生微生物。

(3) 产品应用

广泛应用于深度净化产品。

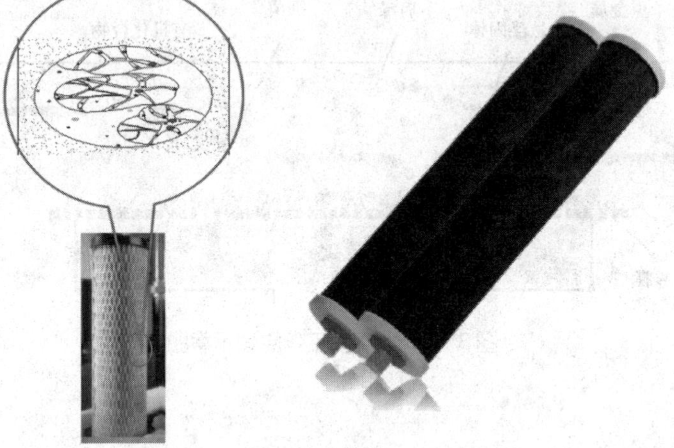

图3－7　活性炭

三、水质检测方法

1. 直接观察法

通过眼观与鼻嗅进行直接观察，是最简单的水质检测方法。

（1）用度量杯或者透明度高的玻璃杯装入待检测的水，对着光观察其中是否含有细微杂质和漂浮物。将水静置 3 h 后，用肉眼观察是否有沉淀物、水体颜色是否有异常，如果有则说明水中悬浮杂质严重超标。

（2）通过用鼻子嗅的方法，初步判断水中是否含有漂白粉（氯气）的味道，如果嗅到刺鼻的气味，则说明水中余氯含量超标。如果铁锈味明显，则说明水中金属杂质含量高，不适合作为饮用水。

2. TDS 水质检测笔

TDS 水质检测笔，是近几年比较热门的水质自检工具，能对水质硬度、水溶物进行简单自测。将 TDS 笔放入待检测的水中，显示的 TDS 值越低，代表水中的溶解性固体越少，水质越纯。按照《生活饮用水卫生标准》（GB 5749—2022），TDS 值低于 1 000 mg/L 的为合格的水质。

TDS 是较为笼统的参考性指标，对不同水质、不同硬度的测量还需要采用专业试剂，如图 3－8 所示。

以上是比较简单的水质检测方法，当所需检测的水量比较大，或者水质对人体健康可能产生重大影响时，可以联系专业的水质检测机构，运用高精度、多种类的水质检测仪器，对水质进行实地检测，并对水质数据进行全面分析。

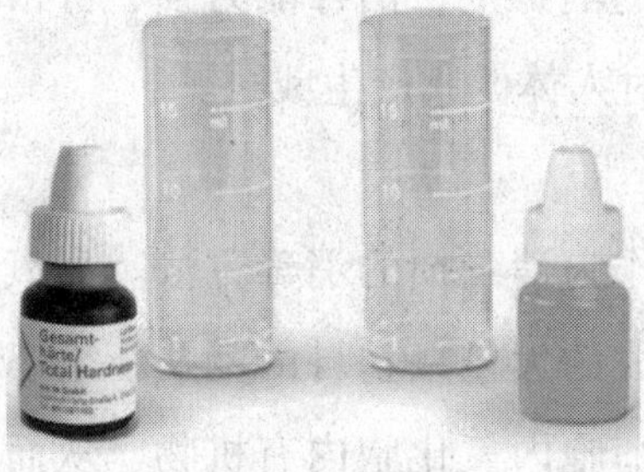

图3-8 专业试剂

相关链接

生活饮用水感官性状和一般化学指标见表3-2。

表3-2 生活饮用水感官性状和一般化学指标

指标	限值
色度（铂钴色度单位）/度	15
浑浊度（散射浑浊度单位）/NTU	1
臭和味	无异臭，异味
肉眼可见物	无
pH值	不小于6.5且不大于8.5
铝/（mg/L）	0.2
铁/（mg/L）	0.3
锰/（mg/L）	0.1
铜/（mg/L）	1.0
锌/（mg/L）	1.0
氯化物/（mg/L）	250
硫酸盐/（mg/L）	250
溶解性总固体/（mg/L）	1 000
总硬度（以 $CaCO_3$ 计）/（mg/L）	450
高锰酸盐指数（以 O_2 计）/（mg/L）	3

四、水的消毒方法

1. 氯化消毒

这是最常见的消毒方法之一，主要是通过向水中加入氯或氯的化合物，如次氯酸钠、液氯等，利用其氧化作用杀灭水中的病原体和部分有机物，从而起到消毒的作用。氯是一种常用的消毒剂，消毒能力强、价格便宜，但过量使用氯可能会形成卤代烃类化合物，对人体健康产生威胁。

2. 臭氧消毒

臭氧消毒是指以臭氧作为消毒剂的消毒方法。臭氧是一种强氧化剂，溶于水后，直接或利用反应中生成的大量羟基自由基及新生态氧，间接氧化水中的无机物、有机物，并进入细菌细胞内氧化胞内有机物，从而达到杀菌消毒、净化水质的目的。臭氧消毒作用快、消毒效果佳，同时还有很强的除霉、腥、臭等异味的功能。臭氧消毒作为氯消毒的替代方法，在饮用水处理中被越来越多地应用。

3. 紫外线消毒

紫外线消毒通过使用紫外线灯管照射饮用水来消灭其中的细菌、病毒和其他微生物。紫外线消毒无须添加化学物质，消毒效果强，无消毒副产物，逐渐成为饮用水的常用消毒方法之一。

4. 煮沸消毒

这是一种简单而有效的消毒方法，通过将待消毒的生活饮用水加热至100 ℃并持续一定时间，杀死其中的大部分致病菌。但需要注意的是，如果水源中含有化学物质或重金属，煮沸并不能去除这些有害物质。

小贴士

生活饮用水消毒剂常规指标及要求见表3－3。

表3－3　　生活饮用水消毒剂常规指标及要求

序号	指标	与水接触时间/min	出厂水和末梢水限值/（mg/L）	出厂水余量/（mg/L）	末梢水余量/（mg/L）
1	游离氯	≥30	≤2	≥0.3	≥0.05
2	总氯	≥120	≤3	≥0.5	≥0.05
3	臭氧	≥12	≤0.3	—	≥0.02 如采用其他协同消毒方式，消毒剂限值及余量应满足相应要求
4	二氧化氯	≥30	≤0.8	≥0.1	≥0.02

五、水处理装置滤芯更换

滤芯的更换需要注意根据不同类型、不同材质确定更换周期。不同滤芯参考更换周期见表3-4。

表3-4　不同滤芯参考更换周期

滤芯类型	更换周期
PCC滤芯（PP棉）	滤芯表面变成土黄色，3个月
活性炭滤芯	产水率小于600 mL/min，6个月
超滤膜（UF）滤芯	产水率小于600 mL/min，1年
反渗透膜（RO）滤芯	产水率小于600 mL/min或TDS>50 mg/L，1年

学习单元2　其他设备的维护

一、制冰机

制冰机是咖啡吧台必不可少的设备之一。制冰机如图3-9所示，构造如图3-10所示。

1. 工作原理

制冰机的工作原理基于热力学原理和物质的相变过程，通过压缩、冷凝、膨胀和蒸发等高效能的循环过程，将液态水转化为固态冰。制冰机的核心组件包括压缩机、冷凝器、膨胀阀和蒸发器等。以下是制冰机的工作原理：

（1）压缩

制冷剂是一种特定物质，可以在低温下进行相变。压缩机启动后，制冷剂被压缩成高温高压的气体。

（2）冷凝

高温高压的气态制冷剂通过冷凝器，在外部空气或水的冷却下，释放热量并

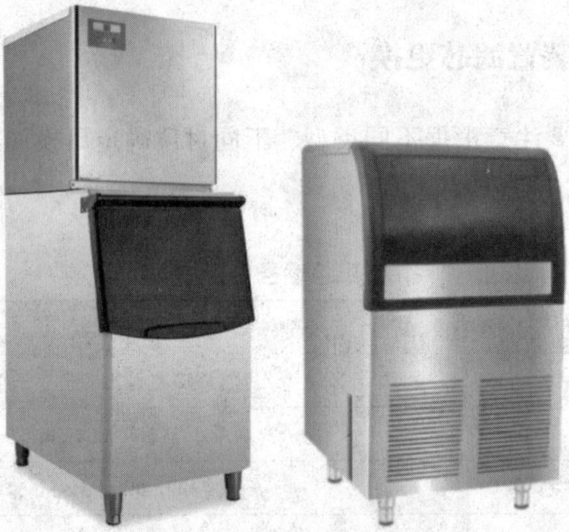

图3-9 制冰机

冷却，当制冷剂冷却到足够低的温度时，它会逐渐变成高压液体。这时，制冷剂的状态从气态转变为液态。

（3）膨胀

高压液态制冷剂通过膨胀阀时，在膨胀阀的作用下，制冷剂的压力急剧下降，从液体状态迅速变成气体状态，吸收周围环境的热量，从而保持蒸发器的低温。

（4）蒸发

当水进入蒸发器并与制冷剂接触时，水的热量被吸收，使水温下降，从而导致水开始结冰。

经过蒸发器的制冷剂再次被压缩机吸入，进入下一个循环。这个过程不断重复，从而持续制造冰块。

2. 制冰过程

通过进水阀门，水自动进入一个蓄水槽，然后通过水泵抽水到分流管，分流管使水均匀地流到被液态制冷剂冷却后的蒸发器上，水被冷却至冰点，这些冷却到冰点的水将会凝固变成冰，而没有被蒸发器冻结的水又流入蓄水槽，通过水泵重新开始循环工作。当冰块达到所要求的厚度时，进入脱冰状态，冰块靠自身重力作用落入储冰箱中。

根据所需的冰块尺寸和形状，可以采用不同的制冰机设计和控制方式，以满足各种使用需求。

图3-10 制冰机构造

3. 制冰机的使用

打开机器电源开关，开关指示灯点亮，机器开始工作。机器工作过程为全自动，通电、通水、打开电源开关后即开始制冰，无须其他任何操作；冰满后机器会自动停机。冰块厚度在出厂时会调节到8～10 g/颗；如果需要调节冰块厚度，可联系厂家，在专业人员指导下进行。

4. 制冰机的清洁维护

（1）每日闭店后，清洗并消毒冰铲和储冰箱门，用消毒喷壶喷洒制冰机附近及附近地面，使用消毒抹布擦拭制冰机外表面。

（2）清洗制冰机时应关掉电源，严禁用水管直接对准机身冲洗，应用中性洗涤剂擦洗，严禁用酸性、碱性等腐蚀性溶剂清洗。

（3）定期清洗进水阀门滤网，避免水中砂泥杂质等堵塞进水口，而引起进水量变小，导致不制冰。

（4）定期清扫冷凝器表面灰尘，冷凝器散热不良会引起压缩机部件损坏。清扫时，使用吸尘器、小毛刷等工具清洁冷凝器表面灰尘。注意不能使用尖锐金属工具清扫，以免损坏冷凝器。

（5）定期清洗制冰机的水管、蓄水槽、储冰箱等。

（6）制冰机应安装在远离热源，无太阳直射，通风良好的地方。制冰机不使用时，应清洗干净并吹干水分。

（7）安装制冰机的地面应坚实平整，制冰机必须保持水平，否则会导致不脱冰及运行时产生噪声。

（8）制冰机用水要符合国家饮用水标准，并加装过滤装置，避免水中杂质堵塞水管，污染蓄水槽，影响制冰性能。

二、搅拌机

1. 搅拌机的工作原理

搅拌机的工作原理是利用电动机带动刀片高速旋转，将食材切碎。

（1）电动机是搅拌机的核心部件，它通过电源提供动力，驱动刀片旋转。

（2）刀片是搅拌机的主要工作部件，它由高强度的金属制成，形状类似于螺旋桨，可以在搅拌杯中快速旋转，将食材混合在一起。当搅拌刀片旋转时，它会将食材推到搅拌杯的边缘，然后从边缘滑回中心，同时还会将食材向上推，使食材与刀片充分接触，进一步加速混合过程。

（3）搅拌杯是搅拌机的容器，通常由塑料或玻璃制成，杯盖可以防止食材飞溅出来，保持搅拌杯的密封性。

在使用搅拌机时注意避免放入过于坚硬的物体，以免损坏刀片；避免搅拌机底座进水造成短路，无法工作。

2. 搅拌机的种类

搅拌机的种类很多，包括手持式搅拌机、台式搅拌机、立式搅拌机等。手持式搅拌机体积小巧，方便携带，适合在家庭厨房中使用；台式搅拌机体积较大，但功能更强大，适合在家庭或商业厨房中使用；立式搅拌机体积更大，功能更全面，适合在大型餐饮企业中使用。

3. 搅拌机的清洁维护

（1）搅拌机每次使用后，应立即清洗搅拌杯、杯盖、刀片等，以保持干净和卫生，避免污渍和残留物附着。

（2）不要将搅拌机的电动部件浸在水中清洗，可使用干湿两用吸尘器或纸巾等清洁。搅拌机的电线和插头，避免接触水分和潮湿的环境，以免引起电气故障。

（3）对于带有轴承的搅拌机，需要定期加润滑油，以确保轴承的运转流畅。

（4）如果长时间不用，最好将各个部件分开存放，以避免互相挤压造成损坏。

培训课程 3

吧台管理

学习单元 1　咖啡出品标准指引

一、堂食出品要求

1. 配备餐具

咖啡杯必须配备咖啡碟、咖啡勺、糖包、纸巾等。

2. 摆放标准

（1）餐具干净整洁，无污渍残留。若咖啡杯外有咖啡渍或奶渍，用干净毛巾擦拭干净，如果影响饮用必须重新制作。

（2）咖啡杯放在配套的咖啡碟上，咖啡勺柄与咖啡杯把朝向同一个方向。

（3）摆放纸巾及糖包，纸巾要折叠整齐。

咖啡摆放标准如图 3－11 所示。

图3－11　咖啡摆放标准

3. 端送服务

（1）右手端咖啡碟，从顾客右手侧放于其两手之间。

（2）端放咖啡时要轻拿轻放，咖啡杯把和咖啡勺柄一般应朝向顾客的右手边，以方便顾客拿取。

（3）摆放咖啡时要平稳，咖啡不能溢出，手指不要接触杯口。

二、外带打包要求

1. 根据顾客点单内容，核对下单信息，包括饮品名称、温度、甜度、冰块含量、配料等，确认是否有备注的特殊需求。

2. 将制作好的咖啡倒入外带容器中并盖好盖子，用封口塞或封口贴封口，以防止咖啡溢出和香味散失。

3. 在外带容器或打包袋上应有清晰的标识，包括顾客姓名、产品名称、成分、生产日期、保质期等信息，以便顾客了解产品信息，在取餐时能够准确找到，并且判断是否过期。

4. 顾客取餐时，根据下单小票与顾客复核点单内容，将咖啡装入打包袋，根据需要放入纸巾、吸管等，并提醒顾客注意携带安全。

5. 维护好取餐秩序，保证取餐顺畅。

6. 下单涉及多种饮品时，须确保各饮品所贴标签与下单小票一致。

7. 打包材料应符合食品安全标准，无毒、无味、无刺激性。

学习单元2　吧台清洁卫生

一、吧台清洁要求

1. 环境、设施

（1）检查工作台面、墙面和地面，确保干净整洁。

（2）垃圾桶内垃圾清理干净。

2. 设备

（1）咖啡机、磨豆机、制冰机等设备处于干净整洁状态。

（2）咖啡机外表面干净无水渍，咖啡手柄粉碗内无咖啡粉饼，接水盘内无粉渣。

（3）磨豆机外表面无残余咖啡粉，豆仓内无咖啡豆，残粉盘内清洁干净。

（4）制冰机表面清洁，冷凝器表面无灰尘。

3. 器具

（1）所有器具使用完毕应及时清洁干净，例如奶缸内不能有奶渍残留，咖啡杯内无咖啡渍残留等，确保符合使用规范。

（2）器具摆放在指定位置，不能随手乱扔。

（3）抹布要专用，避免交叉使用造成的食品安全卫生问题。抹布在每次使用后应及时清洗，并且要定期消毒、更换。

小贴士

使用消毒剂进行消毒时须注意：

（1）消毒剂须在保质期内，符合消毒产品相关标准，按照规定的条件储存。

（2）消毒剂应严格按照使用说明规定的浓度进行配制。

（3）固体消毒剂应充分溶解后再使用。

（4）器具消毒时应完全浸没于消毒液中并保持一定时间，或者按消毒剂产品使用说明操作。

（5）定期检测消毒液浓度。浓度低于要求时，应立即更换消毒液。

（6）器具消毒后须用清水冲洗干净，保证无残留。

（7）将消毒后不使用的器具及时放入专用密闭设施内保存。

二、吧台清洁频率

吧台清洁频率见表 3－5。

表3－5　吧台清洁频率

清洁频率	项目	清洁对象	清洁频率	项目	清洁对象
随手清洁	器具	小器具（奶缸、咖啡勺、咖啡杯、电子秤、压粉器、布粉器等）	日清（闭店）	设备	咖啡机
		冰铲			磨豆机
		蒸汽棒			制冰机
		冰沙机			冰沙机
		抹布			收银机
		手冲器具	周清	设备	磨豆机
					制冰机
	环境、设施	桌椅		环境、设施	地面
		地面			墙面
		工作台面			灯具
		垃圾桶			软装陈列
日清（闭店）	器具	小器具（奶缸、咖啡勺、咖啡杯、电子秤、压粉器、布粉器等）	月清（除垢）	器具	器具表面
		糖浆架		环境、设施	工作台面
		水池		设备	设备表面
		手冲器具			
		抹布			
		小票机			

学习单元3　库存盘点

一、库存盘点的适用范围

库存盘点适用于门店所有物料。

二、库存盘点的重要性

1. 确保货物的数量账实相符

库存盘点最直接的作用就是核实库存货物的实际数量与账面记录是否一致。通过盘点可以及时发现并纠正库存数量差异，确保库存数据的准确性。准确的库存数据是成本核算、预算制定和利润分析的基础。

2. 发现账目问题并找出原因

盘点过程中，如果发现实际库存与账面记录不符，需要进一步调查原因，包括但不限于：货物丢失、损坏、误放、记录错误等。通过查找原因，不仅可以纠正当前的错误，还可以找出潜在的管理漏洞或流程问题，从而进一步完善库存管理制度和流程。

3. 根据盘点结果分析并调整

库存盘点不仅是一个数据核对的过程，更是一个分析和优化的过程。根据盘点结果，可以调整订货数量、优化库存结构，制定更合理的运营策略。

三、库存盘点原则

1. 高效原则

掌握盘点流程，熟悉物料的摆放位置，能够确保盘点过程的高效进行。在日常运营中，应保证先进先出，避免货物码放混乱，确保物料能够有序、快速地被找到和盘点。

2. 清楚原则

盘点人员分工应明确，责任到人。每个盘点人员都应清楚自己的职责和任务，避免出现重复盘点或遗漏盘点的情况。同时，盘点过程中的各项数据和信息也应记录清楚，确保数据的准确性和可追溯性。

3. 及时原则

盘点工作应严格按照规定的时间要求进行，如日盘、周盘、月盘等。及时盘点可以确保库存数据的实时性和准确性，从而为决策提供有力的数据支持。

4. 准确原则

盘点过程应严格按照盘点单进行，确保数据的准确无误。对于任何有疑问或不确定的数据，都应进行核实和确认，避免出现误差。

5. **真实原则**

盘点应以门店真实物料为准，实盘实录。任何形式的弄虚作假都应被严格禁止，以确保盘点结果的真实性和可靠性。

四、库存盘点规则

库存盘点主要分为新店开业盘点、日盘、周盘、月盘，主要规则见表3-6。

表3-6 库存盘点规则

盘点类别	新店开业盘点	日盘	周盘	月盘
盘点时间	开业前	每日	每周末	每月末最后一天
盘点目的	保证库存数据准确，损耗合理	管理物料损耗，便于追踪原因、订货	管理食品原料损耗、包材损耗	
盘点内容	所有物料、低值易耗品、清洁用品等	最常用物料、高消耗物料、短保质期物料	所有食品原料、包材	所有物料
执行人	根据门店实际开业筹备情况确定	值班主管	店长	店长
审核人	根据门店实际开业筹备情况确定	店长	店长	运营经理

在进行库存盘点时须注意以下方面：

1. 根据门店实际运营情况，选择非繁忙时段执行日盘、周盘、月盘。这样可以确保盘点人员能够专注于盘点工作，减少因外部干扰而导致的错误或遗漏。

2. 在库存盘点中，日盘、周盘和月盘是不同频率的盘点方式。然而，有时候这些盘点的时间可能会重合，即在同一天或同一时间段内需要进行多种盘点。在这种情况下，为了确保盘点工作的准确性和效率，应该执行最高等级的盘点。

五、库存盘点要点

1. 确保物料日常摆放定点定位，这样在进行盘点时能够快速定位并准确计数。

2. 整装货物应分类集中码放，有助于提高盘点效率。对于货量较大的物料，可以多层放置，但每层应固定数量，以便于计数和管理。

3. 整数补货，尽量少散货。

4. 对于物料，应将保质期信息明显的一面朝外放置，以便快速查看和管理，确保在盘点时及时发现过期或即将过期的物料。

5. 物料按照有效期摆放，遵循先进先出的原则，即先入库的物料先出库使用。

6. 库存区域应定期清洁，保持干净整洁的环境。

7. 所有与库存相关的单据都应妥善留存，根据到货单及时填写入库单，确保准确记录库存数量。

8. 对于临期或到期的物料，应及时进行清理。对于无法继续使用的物料，应合理报损并记录，确保食品安全。